四季养花
实用百科

李怀远　　胡志平◎主编

吉林科学技术出版社

图书在版编目（ＣＩＰ）数据

四季养花实用百科 / 李怀远，胡志平主编. -- 长春:
吉林科学技术出版社，2018.4
ISBN 978-7-5578-3626-9

Ⅰ．①四… Ⅱ．①李… ②胡… Ⅲ．①花卉—观赏园
艺 Ⅳ．①S68

中国版本图书馆CIP数据核字(2018)第056888号

四季养花
实用百科
SIJI YANG HUA SHIYONG BAIKE

主　　编：李怀远　胡志平
出 版 人：李　梁
责任编辑：周　禹　王聪慧
封面设计：长春创意广告图文制作有限责任公司
制　　版：长春创意广告图文制作有限责任公司
开　　本：710 mm×1000 mm　1/16
印　　张：10.5
印　　数：1-6 000册
字　　数：200千字
版　　次：2018年4月第1版
版　　次：2018年4月第1次印刷
出版发行：吉林科学技术出版社
社　　址：长春市人民大街4646号
邮　　编：130021
发行部电话／传真：0431-85635177　85651759
　　　　　　　　　　　　　85651628　85652585
编辑部电话：0431-85642539
储运部电话：0431-86059116
网　　址：http://www.jlstp.com
实　　名：吉林科学技术出版社
印　　刷：辽宁新华印务有限公司
书　　号：ISBN 978-7-5578-3626-9
定　　价：39.90元

前言

　　养花是件闲情逸致的事，现在越来越受人们喜欢。与花独处的时候可以感受到心无旁骛、与世无争的宁静。从播种到发芽，从长叶到开花，小小的绿色精灵一次又一次带给我们惊喜。它赏心悦目的身姿，使我们如对待孩子般喜爱和呵护它们。这是人类与植物间的交流，那份安静，那份惬意，似乎一切感受都无可比拟。

　　从开始养花，我就期待花团锦簇的景象，我想要养好它们，也期待它们带来的姹紫嫣红。但是往往由于栽培的方法不当，一切努力都付诸东流。有些小苗还在萌芽阶段就烂在了盆里；有些叶子日渐枯黄，纷纷落下；有些从根到茎烂得一塌糊涂；有些因生满了小虫而变成枯草。不是花朵不想好好绽放，只是由于主人的浇水不当而烂了根；施肥不当"烧了心"；晒太阳不当"渴晕了"。人们爱花，却不懂花，以为只是浇浇水、晒晒太阳，植物就能自己生长，花朵就能绽放。可是植物也是有性格、有生长规律的，如果不遵循它的生长特性，结果一定徒劳无功。

　　为了植物能茁壮生长、花开不败，我们邀请了爱花、懂花、十分有养花经验的李怀远老师编写了这本书，献给屡屡失败的养花者们，希望能通过书中的知识，帮您解决养花过程中所遇到的困难，摸清植物的生长规律，爱护它们，养好它们，使您的小花园变得生机盎然。

目录
contents

第一章
四季养花基础知识

第二章
旺家花草四季不败

4

第三章
健康花草四季不败

目录
contents

第四章
观花植物四季栽培攻略

第五章
观叶植物四季栽培攻略

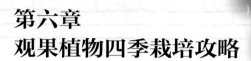

第六章
观果植物四季栽培攻略

第七章
室内养花要注意

第一章

四季养花基础知识

植 株

虽然不同的植物形态各异，但几乎每一种植物
都是由花、叶、茎、根等部分组成。

花

花是植物的生殖器官。虽然花的形状多种多样，但通常由花梗、花托、花萼、花瓣、花丝、花药等组成。

花梗（花柄）：是连接茎的小枝，也是茎和花相连的通道，并支撑着整朵花。有长，有短，或无。

花托：是花梗顶端略膨大的部分，着生花萼、花冠等部分，有多种形状。

花萼：花最外轮的变态叶，由若干萼片组成；常为绿色，有离萼、合萼、副萼，有保护幼花的作用。

花瓣：花冠的组成部分之一，构造和叶子相似，但细胞里含有不同的色素，所以有不同颜色，是花的重要组成部分。

花丝：雄蕊的下部，多为丝状，作用是支撑花药。

花药：雄蕊的上部，长在花丝的顶端，呈囊状，里面含有花粉。

雄蕊群和雌蕊群是植物繁衍后代的器官。

雄蕊群：一朵花内所有雄蕊的总称，有多种类型，但每个雄蕊都由花药和花丝组成。花药会产生大量的花粉粒。

雌蕊群：一朵花内所有雌蕊的总称。多数植物的花，只有一个雌蕊。雌蕊一般由柱头、花柱和子房三部分组成。柱头位于雌蕊的上部，是接受花粉粒的地方。花柱位于柱头和子房之间。子房是雌蕊基部膨大的部分，它隐藏在花冠内。

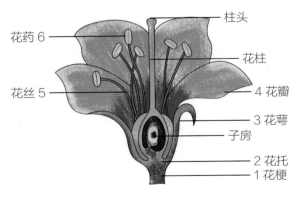

花药 6　　　　　　　　柱头

　　　　　　　　　　　花柱

花丝 5　　　　　　　　4 花瓣

　　　　　　　　　　　3 花萼

　　　　　　　　　　　子房

　　　　　　　　　　　2 花托

　　　　　　　　　　　1 花梗

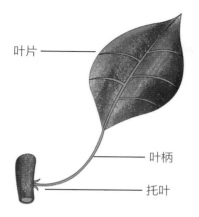

叶片
叶柄
托叶

小型叶和大型叶。不同种类植物叶片的大小和形状有很大的不同。叶片的长度，小的仅几毫米，大的可达几米。叶的形状变化更大，有针形、披针形、矩圆形、椭圆形、卵形、圆形、条形、匙形、扇形、镰形、肾形、倒披针形、倒卵形、倒心形、提琴形、菱形、楔形、三角形、心形、鳞形。

茎

茎指维管植物地上部分的骨干，上面着生叶、花和果实。茎具有疏导营养物质和水分以及支持叶、花、果实在一

叶

叶由叶片、叶柄和托叶组成。叶片是叶的最重要的部分，一般为薄的扁平体，这一特征与它的生理功能——光合作用相适应。在叶片内分布着叶脉，叶脉具有支持叶片伸展和疏导水分与营养物质的功能。叶柄位于叶片基部，并与茎相连。叶柄的功能是支撑叶片，并安排叶片在一定的空间位置，以接受较多阳光和联系叶片与茎之间水分及营养物质的疏导。托叶位于叶柄和茎的连接处，通常细小，早落。植物的叶如果具有叶片、叶柄和托叶就叫作完全叶；如果没有托叶，或者没有托叶和叶柄，则叫作不完全叶。单子叶植物的禾本科和兰科的叶没有叶柄和托叶而只有叶鞘。

从广义讲，凡是适应进行光合作用的结构都可以叫作叶，例如某些藻类，或是藓类植物体上的"叶"都可称为叶；从狭义讲，只有维管植物才具有真正的叶。

由系统发育的观点来看，又可分为

定空间的作用。有的茎还具有光合作用、贮藏营养物质和繁殖的功能。茎是植物的营养器官之一，是大多数植物可见的主干。茎下接根，通过木质部将根部吸收到的水分和矿物质往上运输到各个营养器官，通过韧皮部将光合作用的产物往下运输。

有些植物的茎，其功用已经特化，不只是支持和运输的功能，其形态也

不只是着生枝叶，这种茎称之为变态茎。常见的有仙人掌的块茎，洋葱的鳞茎，荸荠的球茎，姜的根茎，草莓的匍匐茎，葡萄的卷须（茎卷须），还有茎（枝条）特化成叶状的芦笋等。

茎的类型与植物的存活期长短有关系。寿命长的植物，茎里有维管形成层，能够形成坚硬的木质部，增强茎的坚固性，这类植物就是乔木或灌木。乔木的特性在于茎为粗大的主干。灌木的特性在于离地面同等高度有粗细相似的分枝，分不出主干。寿命短的植物，只在茎的基部有少量木质部，因此茎干软弱，这就是草本植物。

不同植物的茎在适应外界环境上有各自的生长方式，使叶能在空间开展，获得充分阳光，制造营养物质，并完成繁殖后代的作用，主要分为以下四种类型。

直立茎：大多数植物的茎直立向上生长，如松、柏、杨、柳等。

缠绕茎：茎幼小时期较为柔软，不能直立，用茎干缠绕于支持物上升。

攀缘茎：植物在迅速生长的过程中长出的支持自己向高处或各地生长的茎。

匍匐茎：茎细长柔弱，平卧地面，蔓延生长，一般节间较长，节上能生不定根，这类茎称匍匐茎，如蛇莓、番薯、狗牙根等。

根

根是植物长期演化过程中适应陆生生活的产物，是种子植物和大多数蕨类植物特有的营养器官。除少数气生根外，根一般生长在土壤中，它的顶端能无限向下生长，并能生出侧向的支根（侧根），以形成庞大的根系，有利于植物体的稳固、吸收等，这也使植物的地上部分能快速生长，达到枝叶繁茂、花果累累的状态。一株植物地下部分根的总体称为根系。种子植物的根系通过伸长、分枝、加粗和不定根的产生形成直根系和须根系两种。

直根系：大多数双子叶植物和裸子植物的根系为直根系。直根系的特点是主根比较明显，主根与侧根主次分明，吸收运输和贮存功能主要由主根承担。

须根系：大多数单子叶植物的根系为须根系。须根系的特点是主根不发达，主侧根没有明显区别，根系主要由多条从胚轴和茎上长出的不定根组成。组成须根系的根不进行次生生长，它与地上部分的疏导联系以及支持、固着等作用主要由众多的不定根承担，因此它们都是骨干根。

光　源

光合作用是植物赖以生存的基础，也是几乎所有生物生活、生存的关键，而光照是其必要条件之一。

光照强度对植物生长与形态结构的形成有重要的作用。光照强度也影响植物的发育，在开花期或幼果期，如光照强度减弱，会引起结果不良或果实发育中途停止，甚至落果。光对果实的品质也有良好作用。根据植物与光照强度的关系，可以把植物分为阳性植物、阴性植物和耐阴植物三大类型。由于室内方位的不同，各个位置的光照强度也不同。

室内的自然光照主要来源于顶窗、侧窗、天井等处，一般顶窗采光最佳，植物受干扰少，光照强度及光照面积均大，光照分布均匀，植物生长匀称。而侧窗采光则光照强度较低，面积较小，且导致植物侧向生长。侧窗的朝向同样影响室内的光照强度。

直射光：南窗、东窗、西窗都有直射光线，以南窗直射光线最多，时间最长，所以在南窗附近可种植需光量大的植物种类，以及少量观花种类。如仙人掌、蟹爪兰等。当有窗帘遮挡时，可种植虎尾兰、吊兰等稍耐阴的植物。

南明亮光线：东窗、西窗除时间较短的直射光线外大部分为漫射光线，仅为直射光20%～25%的光照强度。西窗夕阳光照强，夏季还应适当遮挡，冬季可补充室内光照，也可种植仙人掌等多浆植物。东窗可种植些橡皮树、龟背竹、变叶木、散尾葵、文竹等。

中度光线：在北窗附近，或距强光

窗户较远处，其光照强度仅为直射光的10%左右，只能配植些蕨类植物，如冷水花、万年青等。

微弱光线：室内四个墙角，及离光源较远的墙边，光线极其微弱，仅为直射光的3%～5%。宜种植耐阴的喜林芋、棕竹等。

温度和湿度

任何植物都是生活在具有一定温度和湿度的外界环境中并受着温度和湿度的影响。

植物的生理活动、生化反应都必须在一定的温度条件下才能进行。一般而言，温度升高，生理生化反应加快，生长发育加速；温度下降，生理生化反应变慢，生长发育迟缓。当温度低于或高于植物所能忍受的温度范围时，生长逐渐变慢、停止，发育受阻，植物开始受害甚至死亡。温度的变化也能引起环境中其他因子，如湿度、降水、风、水中氧的溶解度的变化，而环境诸因子的综合作用，又能影响植物的生长发育、作物的产量和质量。

一般来说，对植物生长最好的温度条件是昼夜温差在花卉生长的适宜范围内，而且其温度能使植物白天充分进行光合作用，夜间维持微弱的呼吸。温度变化使花卉的养分消耗越少越好。

此外，同一种花卉在不同的生长阶段，对温度的要求也不一样。一般种子发芽时对温度的要求不高，但为了提高种子的发芽率和培育茁壮的幼苗，在播种后需保持较高的温度。当今流行的室内装饰植物大多数原产于热带和亚热带地区，它们要求在较高的温度下生长，一般应不低于10℃，适宜温度为18～25℃。日夜温差太大对植物生长是有害的。如果24小时内温差大于10℃，对室内植物会产生危害。

湿度是指空气的含水汽量，湿度的高低直接影响着植物的生长。湿度过低会使一些原产于热带雨林的植物叶片枯萎，花朵早凋。大多数植物喜欢40%以上的湿度，包括长于室内的多肉植物。一些原产于热带雨林的种类，一般要求90%的湿度。为了提高湿度，可施行喷水、套塑料袋以及水碟、埋盆等方法。也可以直接用加湿器对室内空气进行喷雾加湿。埋盆法是把小盆植物埋入盛满湿透水苔的大盆中，以维持植物附近的湿度。

浇 水

水是一切生命机体的组成物质，也是生命代谢活动所必需的物质，是植物生长不可缺少的因素之一。

水

水分是植物生长不可缺少的因素之一。植物的一切代谢都必须在有水的情况下才能正常进行。同时，水分又是绿色植物光合作用必不可少的原料。植物通过根系从土壤中吸收水分后，由导管向上输送到各个器官去。同时溶解在水里的营养物质也同样被输送到植物的各个部分。

怎样判断花盆是否缺水

浇水是植物管理日常工作中重要的一个环节。盆土是否缺水是件较难掌握的事，可用如下办法对花盆是否缺水做出判断：

敲击法：用手指关节部位轻轻敲击花盆上中部盆壁，如发出比较清脆的声音，表示盆土已干，需要立即浇水；若发出沉闷的浊音，表示盆土潮湿，可暂时不浇水。

目测法：用眼睛观察一下盆土表面颜色有无变化。如颜色变浅或呈浅灰白色时，表示盆土已干，需要浇水；若颜色变深或呈深褐色时，表示盆土是湿润的，可暂不浇水。

指测法：将手指轻轻插入盆土约2厘米深处，摸一下土壤，感觉干燥或粗糙并且坚硬时，表示盆土已干，需立即浇水；若略感潮湿，细腻松软，表示盆土湿润，可暂不浇水。

捏捻法：用手指捻一下盆土。如土壤成粉末状，表示盆土已干，应立即浇水；若土壤成片状或团粒状，表示盆土潮湿，可暂时不浇水。

怎样选择花儿喜欢的水

水可按照含盐类的状况分为硬水和软水。硬水含盐类物质较多，用它来浇花，会使花卉叶面产生褐斑，影响观赏效果，所以浇花用水以软水为宜。在软水中又以雨水（或雪水）最为理想，因为雨水是一种接近中性的水，不含矿物质，用来浇花十分适宜。如能在雨天接贮雨水用于浇花，有利于促进花卉同化作用，延长栽培年限，提高观赏价值，特别是性喜酸性土壤的花卉，更喜欢雨水，因此雨季应多贮存些雨水留用。在我国东北各地，可用雪水浇花，效果也很好，但一定要将冰雪融化后搁置到水温接近室温时方可使用。若没有雨水或雪水，可用河水或池塘水。如用自来水，须先将其放在桶（缸）内贮存1～2天，使水中氯气挥发掉再用较为稳妥。浇花不能使用含有肥皂或洗衣粉的洗衣水，也不能用含有油污的洗碗水。对于喜微碱性的仙人掌类花卉，不宜使用微酸性的剩茶水浇花。此外，浇花时还应注意水的温度。无论夏季还是冬季浇花，水温与气温相差太大（超过5℃）易伤害花卉根系，因而浇花用水，最好能先放在桶内晾晒一天后，待水温接近气温时再用。

怎样合理浇水

掌握植物的需水量，要在实践中逐步摸索，找规律。应根据植物的品种、植株的大小、生长发育的时期、气候、基质条件、花盆的大小、放置的地点等条件综合判断。一般盆栽植物要掌握"见湿见干"的原则。所谓"见干"是指浇过一次透水之后，盆土表层2厘米左右的土壤发白、发干就要再浇第二次水，绝不能等到盆土全部干了以后才浇水。而"见湿"是指每次浇水时都要浇透，就是说要见到盆底排水处有水渗出为止。同时还要注意：不同品种的花卉浇水量要区别对待，一般草本花卉比木本花卉需水量大，浇水宜多；叶片大，质地柔软，光滑无毛的花卉需水量大；叶片小，革质的花卉需水较少。

一年四季气温不同，浇花时的用水量也要有所不同。春寒乍暖，天气变化无常，这时盆花开始萌芽、生根，需水量大，要保持盆土湿润；夏季干燥，蒸发快，浇水要加倍；秋季应适当少浇水，以免花枝疯长，影响第二年开花；冬季多数花木处于休眠状态，只要保持盆土稍湿润即可。

至于每天的浇水时间，一年四季各不相同。在春、秋、冬季，上午10点左右和下午4点以后是浇花的适宜时间，夏季切勿中午浇水。总的原则是"春浇中午，夏浇早晚，秋浇隔天，冬季勤看"。

浇水量还与基质类型有关。基质黏重的少浇水，质地疏松、保水性差的宜适当多浇水。

施　肥

只有在土壤对某一养分供应不足时，才需要施肥，并不需要把所有的必需元素都施入土壤。

植物在生长过程中，需要吸收养分来进行光合作用，合成有机物质。在自然土壤中，虽然它本身含有各种营养成分，但由于盆土容量有限，要让植物生长旺盛，仅靠土壤中微薄的营养成分是不够的。因此，需要通过施肥来补充植物生长所需的养分。

肥料可分为有机肥料和无机肥料两大类。此外，在室内植物栽培的过程中也常施用复合肥料以及某些专用化肥。有机肥料又称农家肥。常见的有人粪尿、畜禽粪便、骨粉、草木灰等。有机肥肥效缓和，易于施用，但要充分腐熟，按比例施放，才不会对植株有损害。无机肥料指化学肥料，常用的有硫酸铵、氯化铵、尿素、氯化钾等。无机肥料多为速效肥料，具有肥效高，施后无不良气味散发等特点。

如何给心爱的植物施肥呢？施肥的技巧和注意事项有哪些呢？施肥要注意适时、适量。所谓适时，是指花卉需要在花有需要时施肥，如发现花卉叶色变淡，植株生长细弱时，施肥即为适时。至于什么时候施什么肥，就根据花卉不同生长发育期而定，如苗期可多施些氮肥，以促进幼苗迅速、健壮地生长；孕蕾期可多施些磷肥，以促进花大籽壮；坐果初期适当控制施肥，以利于坐果。无论什么时期施肥都应注意适量，若施氮肥过多，易形成徒长；施钾肥过多，阻碍生育，影响开花结果。

施肥技术有以下几个要点：

施肥要注意花卉的种类。不同种类的花卉对肥料的要求不同。如桂花、茶花喜猪粪，忌人粪尿；杜鹃、栀子等南方花卉忌碱性肥料；需要每年重剪的花卉要加大磷、钾肥的比例，以利萌发新

的枝条；以观叶为主的花卉，可偏重于施氮肥；大型观花植物的花卉（如菊花、大丽花等），在开花期需要施适量的完全肥料，才能使所有花都开放，形美色艳；观果为主的花卉，在开花期应适当控制肥水，壮果期施以充足的完全肥料，才能达到预期的效果；球根花卉，多施些钾肥，以利球根充实；香花类花卉，进入开花期，多施些磷、钾肥，促进花香味浓。

施肥要注意季节：冬季气温低，植物生长缓慢，大多数花卉处于生长停滞状态，一般不施肥；春、秋季正值花卉生长旺盛期，根、茎、叶增长，花芽分化，幼果膨胀，均需要较多肥料，应适当多追些肥；夏季气温高，水分蒸发快，又是花卉生长快速期，施追肥浓度宜低，次数可多些。

施用有机肥料：一定要经过充分腐熟，不可用生肥。此外施肥要看长势，控制用量，坚持"四多、四少、四不"，即：黄瘦多施，发芽前多施，

孕蕾多施，花后多施；茁壮少施，发芽少施，开花少施，雨季少施；徒长不施，新栽不施，盛暑不施，休眠不施。同时，盆花施肥有三忌：一忌浓肥，二忌热肥（夏季中午土温高，施肥易伤根），三忌坐肥（栽花时盆底施基肥，不可将根直接放在肥上，而要在肥上加上一层土，然后再将花栽入盆中）。

另外，施肥以淡肥勤施（少施勤施）为宜，不要施用浓肥、生肥，休眠期、花期、高温炎热期不要施肥。一般施肥可分为穴施、浇施、喷施三种方法。穴施是将颗粒型的肥料在植株的周围挖一洞穴施之，注意施肥时盆土要湿润或施用后马上浇水；浇施法是将肥料稀释液浇在植株的盆土中即可，但要在盆土稍干燥时进行，肥料浓度要淡；喷施法是将化学肥料按0.2%～0.3%的浓度稀释后喷在叶面上即可，注意喷后不要淋雨或再喷清水。

栽培基质

室内植物在栽培时，要求有类似原生长地的环境，这样有利于植物健康茁壮地生长。

选择栽培基质时，不仅应考虑其固有的养分含量，而且要考虑它保持和供给植物养分的能力。所以，栽培基质必须具备以下两个基本条件：第一，物理性质好，即必须具有疏松、透气与保水排水的性能。基质疏松、透气好才能有利于根系的生长；保水好，可保证经常有充足的水分供植物生长发育使用；排水好，不会因积水导致根系腐烂。此外基质疏松，质地轻，便于营养的运输。第二，化学性质好，即要求有足够的养分，持肥保肥能力强，以供植物不断吸收利用。

目前，室内植物栽培中可选择的基质有以下几种：

腐殖土：腐殖土是由阔叶树的落叶长期堆积腐熟而成的基质。在阔叶林中自然堆积的腐殖土也属这一类基质。腐殖土含有大量的有机质，土质疏松，透气性能好，保水保肥能力强，质地轻，是优良的盆栽用土。它常与其他土壤混合使用，适于栽培多数常见花卉，也是栽培室内植物的最佳土壤。

泥炭土：泥炭土又称黑土、草炭，

系低温湿地的植物遗体经几千年堆积而成。通常，泥炭土又分为两类，即高位泥炭和低位泥炭。

高位泥炭是由泥炭藓、羊胡子草等组成的。主要分布于高寒地区，如我国东北及西南高原。它含有大量有机质，分解程度较差，氮及灰分含量较低，酸度高，pH值为6~6.5或更低，使用时必须调节其酸碱度。

低位泥炭是由生长在低洼处、季节性积水或常年积水地方，需要无机盐养分较多的植物（如苔草属、芦苇属）和冲积下来的各种植物残枝落叶经多年积累而成。我国许多地方都有分布，其中以西南、华北及东北分布最多，南方高海拔山区亦有分布。一般分解程度较高，酸度较高，灰分含量也较高。

园土：园土是经过农作物耕作过的土壤。它一般含有较高的有机质，保水持肥能力较强，但往往有病害孢子和虫卵残留，使用时必须充分晒干，并将其敲成粒状，必要时要对土壤消毒。园土经常与其他基质混合使用。

泥炭藓、蕨根和蛇木：泥炭藓是苔藓类植物，野生于高山多林湿地，经人工干燥后作为栽培基质。它质地轻、通气与保水性能极佳，在室内植物的栽培中应用很好，它亦可作为包装材料。一些品种（如凤梨）单独用其种植效果很好，但它易腐烂，使用寿命短，一般1～2年即须更换新鲜的基质。

蕨根是指紫萁的根，呈黑褐色，不易腐烂。另外，桫椤的茎干和根也属这一类材料，常称作蛇木。桫椤干上长有黑褐色的气生根，呈网目状重叠的多孔

质状态，质轻，经加工成板状或柱状，可作为蔓性或气根性室内观叶植物生长的材料。但这种材料不易获得。

泥炭藓、蕨根和蛇木作为室内观叶盆栽基质材料，既透气排水又保湿，但必须注意补充养分，以保证植物正常生长之需。

泥炭土含有大量的有机质，土质疏松，透水透气性能好，保水保肥能力较强，质地轻且无病害孢子和虫卵，所以也是盆栽观叶植物常用的土壤基质。但是，泥炭土在形成过程中，经过长期的淋溶，本身的肥力有限，所以在配制使用基质时可根据需要，添加足够的氮磷钾和其他微量元素肥料；配制后的泥炭土也可与珍珠岩、蛭石、河沙、园土等混合使用。

树皮：主要是栎树皮、松树皮和其他厚而硬的树皮，它具有良好的物理性能，能够代替蕨根、苔藓、泥炭，作为附生性植物的栽培基质。使用时将其破碎成大小不一的粒状，按不同直径分筛成数种规格：小颗粒的可以与泥炭等混

合，用于作为一般盆栽观叶植物的栽培基质；大颗粒的用于栽植附生性植物。

椰糠、锯末、稻壳类：椰糠是椰子果实外皮加工过程中产生的粉状物。锯末和稻壳是木材和稻谷在加工时留下的残留物。此类基质物理性能好，表现为质地轻、通气排水性能好。可与泥炭、园土等混合后作为盆栽植物基质。但对于一些植物，使用这类基质时要适当腐熟，以除对植物生长不利的异物。

河沙：河沙是河床冲积后留下的。它几乎不含有机养分，但通气排水性能好，且清洁卫生。河沙可以与其他较黏重土壤调配使用，以改善基质的排水通气性；也可作为播种、扦插繁殖的基质。

珍珠岩：珍珠岩是粉碎的岩浆岩经高温处理（1 000℃以上）、膨胀后形成的具有封闭结构的物质。它是无菌的白色小粒状材料，有极强的保水与排水性能，不含任何肥分，多用于扦插繁殖以及改善土壤的物理性状。

蛭石：蛭石是硅酸盐材料，系经高温处理（800～1 000℃）后形成的一种无菌材料。它疏松透气，保水能力强，常用于播种、扦插以及土壤改良等。

煤渣：煤渣系经燃烧的煤炭残体，它透气排水能力强，无病虫残留。作为盆栽植物基质时，要经过粉碎过筛，选用2.5毫米的粒状物，并和其他培养土混合使用。

上述各种基质材料各有利弊，使用时采用单一的基质栽培，对大部分品种来讲往往达不到最佳效果。所以，在应用时应根据各种植物的特性及不同的需要加以调配，做到取长补短，发挥不同基质的性能优势。

栽培容器

容器栽培是使植物不受自然环境中的土地影响，可以放置在室内种植的栽培方式，合适且美观的容器已经成为盆栽整体的一个重要组成部分。

栽培室内观叶植物主要供室内观赏之用，除了育苗时在苗床中培养外，其他时期必须用花盆种植，才便于搬运、销售与陈列。选择花盆时，既要考虑花与盆的大小比例，又要考虑花与盆的协调性，同时还要考虑各种盆具的质地、性能及其用途。目前，常用的花盆有以下几类。

素烧盆：素烧盆即泥瓦盆，是最常用的种植容器，可分为红盆和灰盆两种。有各种规格，最小的直径约10厘米，一般为直径14～33厘米，大的直径可达39～59厘米。素烧盆通气排水性能良好，有利于植株生长，广泛用于

小苗的培育与成苗的栽培。这种花盆不足之处是外观粗糙且不够漂亮，所以培养成品苗时应尽量采用小一些的盆，以便在室内陈列装饰时放置于略大一点儿的套盆内，弥补其不足。

紫砂盆：紫砂盆上刻有各种花草图案，样式多种，色彩漂亮，古朴雅致，具古玩美感，比较适合作为摆设于室内台面的小型观叶植物使用。这种盆的缺点是排水透气性能稍差，栽种时必须选择适宜的植物品种。

此外，还有供装饰用的各种材料制作的套盆，如玻璃缸套盆、藤制品套具、不锈钢套具等。这类套盆美观大方，但仅供陈列使用，不作栽培使用。

塑料盆：塑料盆是室内观叶植物常用的种植容器之一，可分为硬质塑料盆和软质塑料盆。硬质塑料盆一般体积不大，轻便美观，色彩鲜艳，多用于观赏栽培，但其通气性较差，不利于生长，所以不宜作为长期种植使用，即一般作为成品观叶时才使用它，并且上盆时必须采用疏松、通气排水性能良好的多孔隙基质。软质塑料盆仅用于室内观叶植物的育苗，一般不作观赏栽培之用。

釉盆：釉盆质地坚固，色彩华丽，但排水通气性能差。常作为套盆使用，也可直接用于栽培较大型观叶植物，但必须配以疏松多孔隙基质，否则可能导致植株生长不良。

木盆：木盆用来栽培大型观叶植物，其规格可据实际需要而定。这种盆内外可漆不同色彩，以提高使用寿命，且与植物色彩协调。

育 苗

室内观叶植物种类繁多，形态各异，但其繁殖方法与其他花卉相似，分有性繁殖和无性繁殖两种方法。

有性繁殖

种子繁殖：与其他观花花卉相比，种子繁殖方法在室内观叶植物中并不多用，主要有三个方面的原因：其一，室内观叶植物大多容易用无性繁殖，且无性繁殖成苗快，而种子繁殖成苗慢；其二，许多观叶品种（如凤梨等）想要得到成熟种子，必须通过人工授粉方能实现；其三，种子繁殖后代性状不易稳定，容易使一些彩斑性状消失，失去应有的观赏价值。但在育种上需要培育新品种或要大量繁殖时也使用种子繁殖这一方法。

室内观叶植物中可以采用种子繁殖的种类有棕榈科、百合科、凤梨科、天南星科、苦苣苔科、秋海棠科、木棉科等。这些室内观叶植物除了可用无性繁殖外，也可以用种子繁殖。但其许多品种待其达到一定树龄后方可开花结果。

观叶植物种子繁殖大都采用成熟种子，并且以种子采后即播为宜，否则会影响种子的发芽率。有些品种（如棕榈科观叶植物）播种前还必须用温水浸种才能取得较高的发芽率。播种时，将种子播于疏松而排水良好的介质（如腐殖土、苔藓或河沙）上，然后覆盖一层薄土，并用喷雾法或浸盆法使介质保持湿润状态。在温度20~25℃、半阴条件下，经1~2个月，种子即可出芽。出苗后，当出现1~2片真叶时可进行分盆种植，并注意喷施稀薄肥料，使种苗健壮生长。

孢子繁殖：室内观叶植物中的蕨类植物在自然界中多靠孢子繁殖。蕨类大多生长于荫蔽湿润的环境中，它的孢子成熟后自然散落在地表湿润的水苔上，发芽长成孢子体。所以在生产上可以利用其特点，采用孢子播种繁殖。

孢子播种繁殖首先要掌握好采收时

期。大多数蕨类的孢子在夏末到秋天成熟，此时孢子囊由浅绿色变成浅棕色或黄色。在大多数孢子囊刚要脱落而孢子还没有扩散时采摘。将摘下的成熟孢子叶片放入对折的干净的报纸中，保存于温暖干燥的环境中，使其孢子脱落出来，然后去掉杂质装入纸袋；也可直接用刀刮下孢子囊，将其干燥后装入纸袋，以备播种。为了提高孢子的出芽率，最好将采集的新鲜孢子尽快播种。

蕨类的孢子在很多基质上都能生长，但要保证基质保水透气。最常用的基质是7份泥炭土和3份河沙的混合物。播种时用手轻轻振落孢子，使其均匀地落在装有基质的花盆中。由于孢子非常小，播后不用覆土，只要在盆面上加盖玻璃片和报纸即可，以遮阴并防止水分蒸发。接着将花盆放入盛有水的盆中，让盆土慢慢吸足水分，然后取出，放在半阴的环境中（温度最好为24～27℃）。此间一般不须浇水。待孢子变成绿色的前叶体时将报纸慢慢揭去，并将玻璃片垫高，以利通风。播种后3～4个月孢子体幼苗可长至0.5～1.5厘米，此时可将过密的蕨苗分块栽于与播种同样的基质上，并采取类似的管理方法。当叶长到5～6厘米时，经炼苗移植上盆。上盆后应放在半阴地方培养，并充分浇水。以后每1～2周施一次稀薄的饼肥，使其生长快速而健壮。

无性繁殖

室内观叶植物无性繁殖包括扦插繁殖、分株繁殖、高压繁殖和嫁接繁殖等方法。

扦插繁殖：扦插繁殖是用植物营养器官的一部分（如茎叶和根）作为繁殖材料，在适当的环境条件下，利用植物本身的分生机能或再生能力，经过一段时间产生新根、茎叶，进而成为一株新的植物体。其基本原理是：植物的某一部分器官与母体脱离后，能重新发育成新的株体，即具有再生能力。它具有有性繁殖所不具备的优点：由于插条采自于母体植株上的某一器官，故遗传性状稳定，一般情况下不会发生变异，可以保持母体植株品种的优良特性；扦插苗自己生出根系，容易种植成活；繁殖出的苗木商品性状一致，可提高苗木的商品价值；可使一些不具备种子繁殖的品种得以延续；与播种苗相比，扦插苗成苗快、株型好。

（1）扦插种类

室内观叶植物是以营养体生长及观赏为主，所以扦插繁殖是其主要的繁殖方法。根据其扦插繁殖取材器官的不同，扦插繁殖的方法有以下几种。

①叶插：叶插是用植物的叶片作扦插材料。常用于秋海棠、椒草、冷水花、虎尾兰等观叶植物。秋海棠在叶脉部分可发生不定芽，椒草在叶柄的切口可以萌芽生根，虎尾兰在叶片的切口可以萌芽生根，可以利用这些特性进行叶插，使其发芽生根，长成新的株体。如将虎尾兰叶片横切成长5～10厘米的小段，直立插在插床中，深度约为插穗长的1/3～1/2，在一定温度与湿度下，经半个月左右，叶片下部切口中央部分可以长出数个小根状茎，继而长出土面，

成为新芽；芽长出地面后，在根茎下部生根，上部长叶，形成新植株。

②茎插：茎插是用茎作为扦插材料，可分为软材扦插和硬材扦插。软材扦插适用大部分室内观叶植物，因为它们多为多年生草本植物；硬材扦插是利用已生长成熟的木质化、半木质化枝条或茎干进行扦插。扦插时将植物的茎或蔓切成带节的茎段（也可带顶芽）。除去下位的叶，并剪去上位叶片的1/3～1/2，以减少水分的蒸发面，然后将茎段直接插于插床中。对于不易生根或生根较慢的，可在切口周围包以水苔或黄泥土；一些不易生根的木本植物，茎段也可以用激素处理，在一定温度和湿度下都能生根长芽，形成新植株。一般天南星植物的蔓性种、橡皮树、朱蕉、龙血树、常春藤及爵床科植物大都用带顶芽的茎，有时也用不带顶芽的茎扦插；有些品种，如万年青、荷兰铁、龙血树、龟背竹、绿帝王喜林芋等也可以切下位茎段，每2～3茎节作为一插穗。

③根插：部分植物可利用植株地下部分呈棒状的根茎作为扦插材料。室内

观叶植物的龙血树、朱蕉等可用此法繁殖。扦插时，将根茎切成长2～3厘米小段，待切口稍微晾干后斜插于插床，上覆盖一层1～2厘米基质，使其发芽生根。由于这种方法所取扦插材料较老，所以生根长芽需要的时间相对稍长，有时还需要用药物作适当处理，以提高成活率。

（2）扦插技术环节

在进行扦插繁殖时，除了根据室内观叶植物习性和生态特征选择适当的扦插方法外，还须注意处理好各个技术环节，即扦插时期、扦插介质、扦插材料的必要处理及扦插后的管理，以期达到满意的效果。

①扦插时期：选择合适的扦插时期是提高扦插成活率的关键。由于室内观叶植物大都原产于热带及亚热带地区，所以必须在较高的温度下才容易生根，而在低温条件下一般不易生根。但温度太高，插穗中的养分消耗太多，生根缓慢，而且容易受腐败性细菌侵染，以致成活率低且成活的小苗生长细弱，因此，必须选择适宜的扦插时期。通常大部分室内观叶植物生根的适宜温度为20～25℃，在南方气候条件下则以春

末夏初（3~6月）和秋季（9~10月）为适宜时期。

②扦插介质：理想的扦插介质既能经常保持湿润，又能透气。一般常用的生根介质有珍珠岩、蛭石、河沙等。有些品种使用微酸性介质更有利于其生根，所以，也可以用部分过筛的泥炭土作为生根介质。插床介质的含水量一般应控制在50%~60%。介质的含水量太高，必然降低介质中空气的流通量，造成插穗腐烂。插床也应经常保持较高的空气湿度，以减少插穗的水分蒸发。正常情况下，扦插初期提供较高的介质湿度和空气湿度有利于插穗愈伤组织的形成，随后可适当降低湿度，增加介质的通气量，以促进根的萌生及根系的生长。

③插穗的必要处理：有些品种，尤其是一些生根较难的木本观叶植物，为了促进生根，提高生根率，增加发根数，扦插前常采用药物处理插条。如用吲哚乙酸、吲哚丁酸、萘乙酸、三十烷醇、高锰酸钾等处理都有较明显的效果，但其具体使用浓度及浸泡处理时间依不同的品种而异，需灵活掌握。

④扦插后的管理：插床管理工作的好坏对插条成活率影响很大，必须予以充分的重视。应使插条本身自始至终保持新鲜，做到不枯萎、不失水，同时保持周围环境卫生清洁。必须保持插床有较高的温度湿度，并注意适当遮阴，创造一个湿润的小环境，待生根后逐渐减少喷水量，降低湿度，增加必要的光照，以促进根系的生长及新芽的抽长，

从而保证繁殖苗的健壮。

分株繁殖：分株繁殖是将植物发生的根蘖、吸枝、地下茎、葡萄枝、块茎等自母体切离分植的繁殖方法。它操作简单，是室内观叶植物繁殖的主要方法之一。

一般丛生的室内观叶植物经过一定生长期后，其地下根茎就会自然地分蘖为一定量的、丛生的群体。繁殖时可将植株分切为若干带根部分，然后单独栽植成为新株。

分株繁殖只要避开低温期与高温期，几乎全年都可进行，但以春季和秋季为主要繁殖时期。在南方气候条件下，一般3~5月或9~10月较适宜。通常在春秋季结合植株换盆时进行分株，将母株从盆内倒出，抖去部分旧的培养土，露出伸展方向的新芽和根蘖根系，用利刀将植株分割为若干小丛种植。切割时应顺着根系的走向，尽量少伤根，然后分别进行种植。一般植株分切后应立即上盆，浇足水，并置于较荫蔽湿润的环境养护一段时间，待其根系恢复正常后按常规的栽培管理方法进行栽培。分株时温度不宜太低（一般不低于

20℃），否则容易引起损伤，并且植株生长衰弱。

此外，有些室内观叶植物（如凤梨、吊兰、红脉竹芋等），在植株基部或匍匐茎萌生基芽、子芽，分株时也将其分切，直接上盆，生根后即可形成新的植株；块茎类（如花叶芋）多用分栽子球或分切带芽的新块茎进行繁殖。

压条繁殖：压条是一种诱导新的植株生根，同时新的植株和母株仍然连在一起的繁殖方法。最常见的一个例子就是吊兰。它从长茎上长出很多小的植株，当长出的小植株接触土壤时，就可以很快生根，不久就可从母株中分离另植。为促进小植株生根，可用一根铁线弯曲成发夹形状，夹住带有小植株的茎，使其紧贴在土壤表面上。

许多像常春藤之类的攀缘植物或蔓生植物也采用压条繁殖。室内植物的压条只要把植物的茎固定在土壤上即可。若茎为木质，要先用利刃将其靠近土壤表面那一侧刮去一层树皮，然后再固定在土面上，从此处就会长出新根。

嫁接繁殖：室内观叶植物的一些木本品种，用扦插繁殖生根困难，或繁殖材料有限，不适宜用扦插繁殖。花叶

榕，花叶马拉巴粟等可用嫁接法。室内观叶植物的嫁接繁殖，一般用芽接法和靠接法成活率较高。

①芽接法：最常见的是"T"字开芽接。芽接时，先在砧木基部选光滑的部位，用芽接刀割开一个"T"字开口，把树皮剥起；把接穗枝条叶片剪下，留下叶柄，用芽接刀以芽为中心削成长1～2厘米带皮的盾形芽片，可带一部分木质部，削下后再用手轻轻将木质部去掉；将剥制好的芽片嵌入砧木的"T"字形口中。全芽片必须与砧木的木质部紧紧贴好，再用塑料薄膜条将接口捆好，只露出接穗的芽点和叶柄。接后3～5天检查接穗是否成活。芽成活后即可将砧木上部剪去。

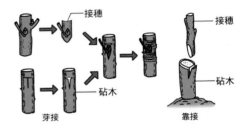

②靠接法：靠接前先使砧木和接穗互相接近，选双方粗细相近且平滑的枝干，各削去枝粗的1/3～1/2，削面长3～5厘米；将双方切口形成层对齐，用塑料薄膜条扎紧；待两者接口愈合成活后，剪断接穗的母株枝条，并剪掉砧木的上部，即成一棵新的植株。

修　剪

花木如果任其自然生长会失去应有的观赏价值，修剪不但可以创造良好的株形，还可以调节植物体内营养物质的合理分配和供应。

修剪是养好花木的重要手段之一，防止枝叶徒长，有利于花芽分化和孕蕾，并能创造良好的通风透光条件，减少病虫害的发生。

花木修剪主要包括以下六项工作：

短截：剪掉枝条先端的1/3～1/4叫作短截，其目的是终止枝条无止境地向长延伸，同时促使剪口下面的腋芽萌发，从而长出更多的侧枝来增加着花部位，使株形更加丰满圆浑，防止树膛内部中空，为了使树冠向外围延伸扩大，各级枝条结次分明，剪口应位于1枚朝外侧生长的腋芽上方，待剪口芽萌发后，才能使母枝的延长枝向树冠外围伸展，避免产生内向枝。

疏剪：当植株内部的枝条过密时，应当把它们从基部疏剪掉一部分，疏剪的对象是交叉枝、平行枝、内向枝、受病枝和衰老的枝条，防止树形紊乱，使它们层次分明，有利于通风透光和开花，疏剪时应紧贴母枝的皮层把不要的枝条剪掉，不要留下残桩。

摘心：将枝条的顶芽剪掉叫作摘心。草本花卉都需要摘心，如果任其自然生长，只能长成一棵很高的独杆植株，开花甚少，无法形成圆浑丰满的株丛，把主枝的生长点摘掉后，既可终止植株加高生长，又能刺激腋芽萌发而形成许多侧枝；对侧枝摘心后还可形成更多的二级侧枝，使着花部位成倍增加。

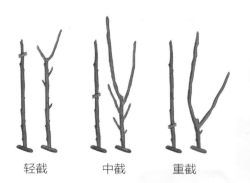

轻截　　　　中截　　　　重截

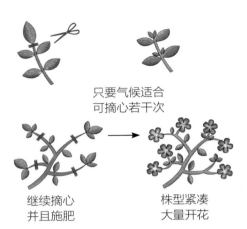

只要气候适合
可摘心若干次

继续摘心
并且施肥

株型紧凑
大量开花

抹芽：将枝条上的腋芽除掉叫作抹芽，在培养独本菊、大丽花等大花型的盆花时，为了在一盆之中只培养一朵大型单花，使品种特征更加明显突出，则应及时把叶腋间的侧面芽逐个抹掉，只留下先端的顶芽任其生长，最后由顶芽分化花芽而开花，防止因发生侧枝而消耗营养，抹芽工作除抹掉侧芽外，还包括消除盆土中滋生出来的脚芽。

剥蕾：为了保证花朵质量，加大每朵花头的直径，就必须减少开花的数量，菊花、大丽花、芍药、牡丹等在一个枝头上都会生好几个花蕾，如果让它们同时开放，花朵必然较小，因此在花蕾显现后，大多只保留中央的一个主蕾而将周围的副蕾修剪掉。

疏花：对大部分观果花卉来说，开花数量大都超过坐果数量，如不进行疏花，让它们都长成幼果，这些幼果中的一大部分也会自然脱落，白白消耗大量营养，留下的果实也不能保证质量，不如在花期对过密的花穗进行剔除，但是不等于说每枝的留果就等于留花数，因为留下的花不见得都能坐稳，因此留花数量应等于预定坐果数量的2～3倍，待果实基本坐稳后（6月下旬～7月上旬），再把多余的幼果除掉。

病虫害

病虫害的威胁严重影响了观赏植物的美观及价值，会造成植物的落叶、凋零、腐烂、坏死，以及形态残缺不全等现象。

园林植物病害的种类很多，大致可分为两类：一类是传染性病害，由真菌、细菌、病毒等病原微生物引起；另一类是非传染性病害，由土壤、气候等环境条件引起。识别病害的主要方法是：先看症状，再看发生规律，是由少到多，由点到面，还是突然全部发生；其次看病斑上有无病原菌发生迹象，先观察其特征，再取下或切片，用显微检查；最后做病原菌分离培养、接种，确定其性质及种类。

植物病害症状

叶片上出现斑点：一般周围有轮廓，比较规则，后期上面又生出颗粒状物，这时可用显微镜检查。叶片细胞里有菌丝体或子实体，为传染性叶斑病，根据子实体特征再鉴定具体是哪一种微生物。病斑不规则，轮廓不清，大小不一，查不到病菌的则为非传染性病斑。一般情况下，传染性病斑中干燥的多为真菌侵染所致；斑上有溢出的脓状物，病变组织一般有特殊臭味，多为细菌侵染所致。

叶片生出粉状物：叶片正面生出白色粉状物多为白粉病或霜霉病。白粉病在叶片上多呈片状，霜霉病则多呈颗粒状。叶片背面（或正面）生出黄色粉状物，多为锈病。

叶片黄绿相间或皱缩变小、节间变短叶、丛枝、植株矮小多为病毒等比细菌、真菌更为低等的生物所引起。叶片黄化，整株或局部叶片均匀褪绿，进一步白化，一般由类菌质体或生理原因引起。

花梗及茎皮层起泡、流水、腐烂、局部细胞坏死多为腐烂病，后期在病斑上生出黑色颗粒状小点，遇雨生出黄色

丝状物的，多为真菌引起的腐烂病；只起泡流水，病斑扩展不太大，病斑上还生黑点的，多为细菌引起的溃疡病。

树皮坏死，木质部变色腐朽，病部后期生出病菌的子实体（木耳等），是由真菌中担子菌所引起的树木腐朽病。

草本花卉茎部出现不规则的变色斑，发展较快，造成植株枯黄或萎蔫的多为疫病。

树木根部皮层腐烂、易剥落：多为紫纹羽病或白纹羽病或根朽病。前者根上有紫色菌丝层，白纹羽病有白色菌丝层，后期病部生出病菌子实体（蘑菇等）的多为根朽病；根部长瘤子，表皮粗糙的多为根癌肿病。幼苗根际处变色下陷，造成幼苗死亡的，多为幼苗立枯病。

一些花卉根部生有许多与根颜色相似的小瘤子多为根结线虫病。地下根茎、鳞茎、球茎、块根等坏死腐烂的，如表面较干燥，后期皱缩的，多为真菌危害所致；如有溢脓或软化的，多为细菌为害所致。

树木小，秃枝枯梢：枝梢从顶端向下枯死，多由真菌或生理原因引起，前者一般先从星星点点的枝梢开始，发展起来有个过程；后者一般是一发病就在部分或全部枝梢出问题，而且发展较快。

叶片、枝或果上出现斑点：斑上常有轮状排列的突破病部表皮的小黑点，由真菌引起。

花瓣上出现斑点并见有发展，污染花瓣，花朵下垂，多为真菌引起的花腐病。

传染性病害

由真菌、细菌、病毒等病原微生物引起各种病变。室内植物以真菌引起的病害为多。

炭疽病：主要发生在植物叶片上，常常发病在叶缘和叶尖。发病初期在叶片上呈现圆形、椭圆形红褐色小斑点，后期扩展成深褐色圆形病斑。炭疽病发生在茎上时产生圆形或近圆形的病斑，呈淡褐色，其上生有轮纹状排列的黑色小点。发生在嫩梢上的病斑多为椭圆形的溃疡斑，边缘稍隆起。

发病期应及时摘除病叶。及时喷洒75%甲基托布津可湿性粉剂1 000倍液，75%百菌清可湿性粉剂600倍液，25%炭特灵可湿性粉剂500倍液，25%苯菌灵乳油900倍液，50%退菌特800倍液或50%炭福美可湿性粉剂500倍液中的任何一种。隔7～10天1次，连续3～4次，防治效果较好。

锈病：锈病是花卉和景观绿化树木较常见和严重的一类病害。发病后蒸腾作用和呼吸作用加速，光合作用减弱，长势减弱，叶片提早发黄脱落，引起枝干肿瘤、果实畸形等症状，降低产量和观赏价值，严重时甚至死苗。

病株大量出现锈色孢子堆而得名，在叶、茎等部位，先出现淡绿色小斑点，后扩大成锈褐色斑点，表皮破裂后散出黄褐色粉状物，为夏孢子堆；有的呈橘红色或黑色小粉堆，为冬孢子堆；也有生蜜黄色到暗褐色点或粒状，为性孢子器；还有的生许多淡黄色、灰黄色到灰褐色稍隆起或刺毛状物，为锈孢子器。枝干上生肿瘤、丛枝和粗皮等，果实畸形或开裂。及时剪除病枝、病叶，可喷0.2%～0.4%的石硫合剂或五氯酚钠200～300倍液。应在3月上中旬喷药1～2次，以杀死越冬菌源孢子。在花木生长季节，当新叶展开后，可选用25%粉锈宁1 500～2 000倍液，50%代森锰锌500倍液，或25%甲霜铜可湿性粉剂800倍液喷雾，每隔7～10天1次，连续防治2～3次。

白粉病：系真菌性病害，是花卉植物上普遍发生的病害，主要发生在植株叶片，严重时可侵染植株的嫩叶、幼芽、嫩梢和花蕾等部位。发病时叶背面或两面出现一层粉状物，在发病初期，染病部位出现近圆形或不规则形的白色粉斑。在适宜的条件下，粉斑迅速扩大，并连接成片使得叶面布满白色粉状霉。在发病后期，病叶会出现皱缩不平，并向背卷曲，花期明显缩短或花蕾不能正常展开。而严重时，会导致植株矮小，花少而小，叶片萎缩干枯，甚至整株死亡。

预防方法是注意室内通风透光条件。摘除病叶。在休眠期喷洒0.1%～0.3%的石硫合剂，在生长季节可喷70%甲基托布津可湿性粉剂700～800倍液或50%代森铵800～1 000倍液或50%多菌灵可湿性粉剂500～1 000倍液或200倍的硫黄粉悬浮液。

叶斑病：细菌性叶斑病主要发生在叶和花上，呈斑状，病斑中间呈不规则棕色，边缘黄色，阴雨天症状更为明显。叶部侵染通常开始于叶缘及叶片下部气孔较多的地方。侵染初期呈水渍状斑点，病菌扩展极为迅速，很快就会覆盖大部分叶片。短时间内花梗和叶茎会从植株上脱落，生长点迅速腐烂，最终导致整个植株感病而死亡。

出现病叶要及时剪除。日常要通风透光，花盆放置不宜过密，盆栽时应更换新土。发病前可用0.5%～1%波尔多液，或65%代森锌可湿性粉剂600～800倍液，每隔7～10天喷洒1次，有较好的保护作用；发病期间可用50%多菌灵可湿性粉剂800倍液或75%甲基托布津1 000倍液喷洒，均能控制病害蔓延。

根腐病：多由于水渍或错伤根部等管理不当引起。开始时只是个别根系变褐变腐，地上植株无症状；然后肉质根腐烂，植株在阳光照强度烈、蒸发旺盛时顶部叶片萎蔫；后期根部腐烂程度加剧，叶片变小、颜色由绿变黄，新叶生出慢而少；最后根部全部腐烂，叶片自下而上逐渐干枯，全株枯死。

造成根腐病的病菌多为真菌。初发病时可进行化学防治：用80%的402乳油1 500倍液或70%敌克松1 200倍液灌根，每7～10天1次，连灌2～3次，防治效果可达95%以上，灌根时，待盆土稍干时进行，更有利于药效充分发挥。

对肉质根已腐烂但地上部分尚未枯死的病株，可采取以下急救措施：先将病株取出，洗净根系上的泥土，用利刀把腐烂部分彻底削除，然后将茎基部浸入0.1%高锰酸钾溶液中30分钟，取出后在伤口处涂抹木炭灰以起到防腐防感染的作用，之后置于通风处稍晾干，栽前再用B_{12}（医用针剂）原液浸蘸一下；栽培土用细河沙、园土、砻糠灰以3：5：2的比例充分混合，再用沸水浇透消毒，凉凉后使用，这种盆土透气性、保温性、保湿性均好，有利于病株栽后再生新根；植株栽入时，要用手把入土部分按紧，使茎基与盆土紧密接触；栽后温度保持20～25℃，盆土保持稍润湿即可，不干透不必浇水，一般30～40天即可生出新根。

煤污病：该病主要危害叶片，也可危害枝和果实。初期在叶片正面及枝条表面形成圆形黑色霉点，有的沿主脉扩展，未来逐渐增多，连接成片，使整个叶面、嫩梢上布满黑霉层。严重时导致植株提早落叶。该病发生时常伴有蚜虫、介壳虫、粉虱等虫害。发现病害后要及时修除病虫枝和多余枝条，增强通风透光，降低温度，及时排水，防止湿气滞留。

该病的发生与分泌蜜露的昆虫关系密切，喷药防治介壳虫、蚜虫、粉虱危害，是减少发病的主要措施。若为蚜虫危害，可在植株上先撒一层烟灰或草木灰，数小时后用清水冲洗干净，或用10%的吡虫啉可湿性粉剂2 500倍液喷杀。若为粉虱类危害，可用25%的扑虱灵可湿性粉剂1 500倍液喷杀。可喷洒10～20倍的松脂合剂及50%三硫磷乳剂1 500～2 000倍液以杀死介壳虫（在

幼虫初孵时喷施效果较好）。植物休眠期喷洒0.3%～0.5%的石硫合剂，杀死越冬的菌源，从而减轻煤污病的发生。

虫害

红蜘蛛：红蜘蛛是螨类动物，又称叶螨，俗称红蜘蛛或火龙、短须螨，是花卉上常见的虫害，专门为害花卉叶片、花朵。每年3～4月开始为害，6～7月最为严重，在气温高、湿度大、通风不良的情况下，红蜘蛛繁殖能力极快，它的若虫常群集于一些花卉的叶背及花蕾上，以刺吸式口器吮吸汁液为害植株。初期叶片失绿，叶缘向上卷翻，以致焦枯、脱落，造成花蕾早期萎缩，严重时植株死亡。对于染病后的化学防治可以喷施40%三氯杀螨醇可湿性粉剂1 500～2 000倍液，喷药要均匀、细致、周到，使叶、枝、果上都均匀布满

药液。冬季可选用0.3%～0.5%的石硫合剂杀灭枝干越冬的成虫、若虫、卵，尤其是杀卵效果较好。

蚜虫：个体细小，繁殖力很强，能进行孤雌生殖，4～5天可繁殖一代，一年可繁殖几十代。蚜虫主要积聚在新叶、嫩叶和茎秆上，以刺吸式口器刺入植物组织内吸取汁液，使受害部位出现黄斑或黑斑，受害叶片皱缩，花蕾萎缩或畸形，严重时植株死亡。蚜虫能分泌蜜露，招致细菌生长，诱发煤污病。

盆栽花卉上零星发生时，可用毛笔蘸水刷掉，刷下的蚜虫要及时处理干净。生长季节大量发生时，可喷40%氧化乐果乳剂2 000倍液、80%敌敌畏乳剂1 000倍液或50%杀螟松乳剂1 000倍液处理。也可采用浇灌法，在直径为15厘米的花盆中，浇注40%氧化乐果乳油稀释液2 000倍液50～100毫升。埋施颗粒剂的方法也不错，在盆土内挖成环形槽，将15%铁灭克颗粒剂均匀施入，然后埋土、浇水。

介壳虫：介壳虫是一类小型昆虫，大多数虫体上被有硬壳或者蜡质分泌物。雌雄异体，雌虫无翅，雄虫有1对膜质前翅，后翅特化为平衡棒。介壳虫是花卉上最常见的害虫，常群集于枝、叶、果上。成虫、若虫以针状口器插入花卉叶、枝组织中吸取汁液，造成枝叶枯萎，甚至整株枯死，并能诱发煤污病，危害极大。介壳虫繁殖能力强，一年发生多代。卵孵化为若虫，经过短时间爬行，再固定生活后，即形成介壳。介壳虫抗药能力强，一般药剂难以进入体内，防治比较困难。因此，一旦发生，不易清除干净。在栽培花卉的过程中，发现有个别枝条或叶片有介壳虫，可用软刷轻轻刷除，或结合修剪，剪去虫枝、虫叶，对待染病的枝叶，要刷净、剪净、集中烧毁，切勿乱扔。在若虫繁盛期喷药最为适宜，因此时大多数若虫多孵化不久，体表尚未分泌蜡质，介壳更未形成，用药较易杀死。可用40%氧化乐果乳油1 000倍液，或50%马拉硫磷乳油1 500倍液，或亚胺硫磷1 000倍液，或50%敌敌畏1 000倍液，或2.5%溴氰菊酯3 000倍液，喷杀即可。每隔7～10天喷1次，连续2～3次。

第二章

旺家花草四季不败

佛 珠 ◀象征吉祥的植物

[别名：翡翠珠、绿铃、一串珠]

佛珠叶互生，肥厚多汁，极似珠子。取名佛珠，寓意吉祥，能够驱邪，保佑平安。佛珠能有效地清除室内的二氧化硫、氯、乙醚、乙烯、一氧化碳、过氧化氮等有害气体。

基质 4份草炭、4份珍珠岩、2份陶粒或者4份草炭、4份炉渣、2份陶粒的混合基质。

光照 喜光，以日照50%～70%为佳，置于明亮的散射光处。

温度 生长适温为15～32℃，忌高温，在夏季酷暑气温33℃以上时进入休眠状态。忌寒冷霜冻。

浇水 耐旱能力很强，根系怕水渍，浇水的原则是见干见湿。

施肥 生长旺盛的春秋季应"薄肥勤施"，常在叶面喷施0.1%～0.3%的氮肥和磷酸二氢钾，有利于使珠体更加翠绿肥大，提高观赏价值。

病虫 很少有病虫害，春季蚜虫最为常见，及时抹去或喷氧化乐果乳油1 500倍液杀灭；夏秋季的螨虫为次，需用1 000倍三氯杀螨醇可湿性粉剂杀灭。注意通风和增加叶面湿度，可减少感染螨虫的概率。

越冬 越冬温度需要保持在10℃以上，在冬季气温降到4℃以下进入休眠状态，不宜多浇水。

繁殖 采用扦插繁殖。将枝蔓剪成8～10厘米一段，平铺半埋于盆土中，开始时保持50%～60%的湿度，半个月后即可生根成活。成活后要控制浇水量，保持盆土干湿相间的状态，有利于植株生长。

果子蔓 ◀象征吉祥的植物

[别名：擎天凤梨、西洋凤梨]

果子蔓为多年生草本植物。叶长呈带状，浅翠绿色，背面微红，薄而光亮。穗状花序高出叶丛，花茎、苞片和基部的数枚叶片呈鲜红色，色彩艳丽持久。开花时赏花，其花形独特红艳，花期长，花序似剑，被视为一种吉祥、辟邪的花卉。

基质 可用腐殖土、园土和蛭石的混合基质。

光照 喜半阴，置于散射光下。需明亮的光照才能开花，但中午阳光过强又需遮阴。

温度 喜温暖，生长适宜温度为16~27℃。

浇水 盆土不宜过湿，经常向叶面喷水。在莲座状叶筒中要灌水，切忌干燥。

施肥 每月施用 1 次浓度为0.05%的氮磷钾复合肥溶液。

病虫 容易引起叶斑病。治疗叶斑病可用等量式波尔多液和50%的多菌灵可湿性粉剂1 000倍液喷洒。

越冬 冬天室温最好保持8℃以上。

繁殖 常用分株法繁殖。

矢车菊 ◀象征吉祥的植物

[别名：蓝芙蓉、荔枝菊、翠兰]

矢车菊叶互生，具有芳香气息。是少有的"白色植物"之一，茎植呈灰白色，被薄蛛丝状卷毛，整株看起来银装素裹。民间多作为能够辟邪的吉祥植物。

基质 85%泥炭土、10%珍珠岩和5%蛭石的混合基质。

光照 喜光，全日照。

温度 生长适温为15~20℃，忌夏季高温。

浇水 保持盆土湿润并降低盆栽的温度，但忌积水。

施肥 生育期间应每个月施用氮、磷、钾比例为1:1:1的稀释液1次，至开花前宜多施磷钾肥。

病虫 常见霜霉病、菌核病和白绢病。

越冬 较耐寒。可露地种植。华北地区冬天需加盖防寒物。

繁殖 多采用播种方式。春、秋两季皆可，但南方以秋季较适宜。在8月中旬至9月下旬播种，种子8~15天发芽，待真叶长出5~6枚时便可定植。

金钱树 ◀预示美好的植物

[别名：泽米芋、金币树、雪铁芋、泽米叶天南星]

金钱树于1997年从荷兰引进，1999年昆明世博会上，人们还不清楚其名称，仅以其外部形态特征将其称作"金钱树"或"金币树"。金钱树的圆筒形叶轴粗壮而肥腴，其上的小叶呈偶数羽状排列，且叶质厚实、叶色光亮，宛若一挂串联起来的钱币，寓意富贵生财。

 基质 将泥炭土、珍珠岩和河沙按照6：2：2的比例混合后配制成基质。

 光照 喜光又有较强的耐阴性，忌强光直射。

 温度 生长适温为20～32℃。

 浇水 具有较强的耐旱性，应保持盆土微湿偏干为好。

 施肥 喜肥，生长季节可每月浇施2～3次0.2%的尿素加0.1%的磷酸二氢钾混合液。中秋以后，为使其能平安过冬，应停施氮肥。

 病虫 常见褐斑病、介壳虫病。

 越冬 冬季最好能维持在10℃以上的棚室温度，若室温低于5℃，易导致植株受寒害。

 繁殖 多采用扦插。插穗可用单个小叶片、一段叶轴加带2个叶片或单独一段叶轴。

富贵竹 ◀预示美好的植物

[别名：万寿竹]

富贵竹茎干挺拔优雅，姿势潇洒，富有竹韵，特别是从台湾地区流传而来的"塔状"造型深受人们喜爱，又名"开运竹"。有富贵生财，节节高升之意。

基质 园土、腐殖土、细河沙按4：4：2的比例混合。

光照 喜散光，忌强光。

温度 生长适温为15~20℃。

浇水 喜湿润环境，生根前要经常换水，生根后几乎不用换水，往容器中加水即可。

施肥 喜肥，但不耐生肥和浓肥。

病虫 常见褐斑病、炭疽病。

越冬 越冬时室温不能低于10℃，长期低于10℃，叶片容易枯萎脱落，甚至遭冻害而整株死亡。

繁殖 多采用扦插。插穗可用5~10厘米不带叶的茎节或剪取基部分生出的带茎尖的分枝。

荷包花 ◀预示美好的植物

[别名：蒲包花、元宝花]

荷包花花形别致，花冠呈二唇状，上唇瓣直立较小，下唇瓣膨大，中间形成空室，似蒲包状。象征荷包鼓鼓、财源滚滚。

基质 常用培养土、腐殖土和细沙组成的混合基质。

 光照 需要长日照，在花芽孕育期间，每天要求16~18小时的光照，但忌烈日直晒。中午光照过强时，应适当遮阴，并保持通风良好。

 温度 荷包花对栽培环境条件要求较高，生长适温为13~17℃，如温度高过25℃则不利开花。

 浇水 干旱会使植株生长不良，必须注意排水，过于潮湿又易引起根须腐烂，浇水时不应沾污叶片，因叶面有毛，易烂叶，故要求浇水要见干见湿，可经常向花盆周围洒水，使空气湿度保持在80%以上，但注意花期不能向花朵上喷水，以免影响结果实。

 施肥 喜肥，但不宜过浓，生长期每隔半个月施一次稀薄的沤熟饼肥水或蹄角片液肥，可使枝繁叶茂。要切忌肥水沾污叶片，如发现茎叶徒长现象，应立即停止施肥。换盆时，在培养土内掺适量腐熟肥；出现花葶时增施1%过磷酸钙溶液2次，可使花色更为鲜艳。

 病虫 幼苗期易染猝倒病，故在幼苗期应每隔7天喷洒代森锌可湿性粉剂1 000倍液1次，并使盆土保持稍干燥状态，可有效遏制。虫害有蚜虫、红蜘蛛等，发现时可用40%氧化乐果乳油1 500倍稀释液喷治，效果良好。

 越冬 冬季室内温度维持5~10℃。

 繁殖 一般采用播种法，于8月底9月初天气凉爽时进行。

45

红　掌　◀烘托喜庆的植物

[别名：花烛、安祖花、火鹤花、红鹅掌]

红掌以其翠叶欲滴、佛焰苞片猩红亮丽、肉穗花序镶金嵌玉的风姿，令人神往。开出的花犹如一只张开的富有光泽的红色手掌。被人们赋予喜庆、热烈、红火、希望等美好寓意。

基质 可用泥炭、珍珠岩、河沙配成基质。

光照 喜阴植物。在室内宜放置在有一定散射光的明亮之处，千万注意不要把红掌放在有强烈太阳光直射的环境中。

温度 最适生长温度为20～30℃，最高温度不宜超过35℃，最低温度为14℃，低于10℃随时有发生冻害的可能。

浇水 红掌属于对盐分较敏感的花卉品种，水的含盐量越少越好，最好采用自来水浇水。春、秋两季一般每3天浇1次水，夏季可2天浇1次水，冬季一般5～7天浇水1次。一年四季都可多次进行叶面喷水。

施肥 一般选用氮、磷、钾比例为1：1：1的复合肥，把复合肥溶于水后，用浓度为0.1%的液肥浇施，4～10月每隔两个月把肥料稀释500倍后施用几次。

病虫 易发生的病虫害有炭疽病、叶斑病、介壳虫。

越冬 越冬温度不可低于15℃，放在房间的阳面。

繁殖 主要采用分株、扦插的方法进行繁殖。分株结合春季换盆，将有气生根的侧枝切下种植形成单株，分出的子株保留3～4片叶，扦插繁殖是将老枝条剪下，去叶片，每1～2节为一插条，插于25～35厘米的插床中，几个星期后即可萌芽发根。

孔雀草　◀烘托喜庆的植物

[别名：五瓣莲、小万寿菊、红黄草、缎子花]

　　孔雀草株高15～40厘米。羽状复叶，小叶披针形。花形与万寿菊相似，但花朵较小而繁多。开花时，在分枝较多的植株上，黄澄澄的花朵布满梢头，显得绚丽可爱。头状花序顶生，花外轮为暗红色，内部为黄色，故又名红黄草，是一种寓意吉祥的花卉。

基质　园土、腐殖土、细河沙按4：4：2的比例混合。

光照　为喜阳植物，生长、开花均要求阳光充足，光照充足还有利于防止植株徒长。高温季节需要避免直射阳光，正午前后要遮阴降温。

温度　生长适温为20～25℃。

浇水　浇水坚持见干见湿原则，盆内不可积水。

施肥　每隔20～25天向盆土内施1次氮、磷、钾比例为1：1：1的复合肥。

病虫　常见的病害有褐斑病、白粉病等。

越冬　不耐寒，冬季应移入室内。

繁殖　用播种和扦插均可。可于6～8月间剪取长约10厘米的嫩枝直接插于庭院，遮阴覆盖，生长迅速。

朱顶红 烘托喜庆的植物

[别名：孤挺花、百支莲]

朱顶红花枝亭亭玉立，4～6朵朱红色喇叭形花朵着生顶端，朝阳开放，显得格外艳丽悦目。因朱顶红的外形很像君子兰，也有"君子红"的美称。天津以"胭脂穴"称之，颇得妙意。朱顶红被人们赋予了热情似火，渴望被爱的寓意，象征生活红火。

温度 生长适温为12～25℃。

浇水 生长季节以保持土壤湿润为宜，不能积水；开花期间供水要充足，否则花葶难以挺立支撑起硕大的花序；花谢后适当控制浇水，以土壤稍干为好。秋末冬初进入休眠期，不脱盆的种球要严格控制浇水，保持盆土略有潮气即可。

施肥 生长期每半月施肥1次，抽出花茎后加施磷钾肥1次。开花后继续供水供肥，促使鳞茎健壮充实。

病虫 朱顶红常发生的病害为红斑病，发病期间用多菌灵可湿性粉剂600～800倍液防治，连续喷施数次。

越冬 盆栽的朱顶红应移入室内越冬，剪去叶片。室温应保持在5～10℃，如温度低于5℃，鳞茎易受冻害，而超过10℃则会影响开花。

基质 盆栽培养用园土5份、堆肥3份、河沙2份混合配制。

光照 喜阳光，但忌强光直射。宜放置在明亮、没有强光直射的窗前。入夏后可搁放于遮光40%～50%的荫棚下。

繁殖 一般采取分株繁殖。盆栽朱顶红于2～3月换盆时进行，分栽前先去除老根和宿土，将母球旁生的小鳞茎分开，视鳞茎大小分类盆栽，一般开花鳞茎周径在24～26厘米。

火 棘 ◀烘托喜庆的植物

[别名：火把果、救军粮]

　　火棘为常绿灌木，每年1月份果实成熟，小球果呈橘红至火红色，密密丛丛，一团团散布在绿叶丛中，不易凋谢，异常艳丽。象征生活红红火火，喜庆吉祥。

基质 将堆肥土、园土、沙土按5：3：2的比例进行混合，以配制基质。

光照 喜阳光，亦稍耐阴。全日照，直射光。

温度 喜温暖，生长适温为20～30℃。

浇水 春秋季每1～2天浇1次水；夏季高温，盆土易干燥，每天浇1～2次水。保持基质见干见湿状态。

施肥 可用豆饼类有机肥沤制成腐熟液肥进行施肥。浓液肥要稀释几十倍后施入盆中。10天左右施1次肥。生长前期可隔2个星期左右根外喷施1次0.3%尿素液。

病虫 病虫害较少，也有蚜虫、卷叶虫、介壳虫、梨网蝽等危害。

越冬 冬季移盆到避风向阳的地方或室内过冬，越冬时要经常检查盆土，过分干旱时要浇1次透水防冻。

繁殖 常用扦插和播种繁殖。于春季2～3月取1～2年生枝，剪成12～15厘米长的插穗，下端剪成马耳形，呈30°斜角摆放插床上开好的沟边，覆土踏实。

绣球花 ◀烘托喜庆的植物

[别名：八仙花、紫阳花、洋绣球、粉团花]

原产在地中海的绣球花，一向以在严冬开花的常绿树而闻名于世。寒冬时，乍见粉红色的花蕾和白色的花朵，似乎在告诉人们春天的脚步近了，因此绣球花的花语就是“希望”，寓意生活充满希望。另外，绣球花花朵呈圆形，也寓意着与亲人之间斩不断的联系，无论分开多久，也会重新相聚在一起，团团圆圆、幸福美满。

基质 盆土宜用园土、腐殖土或者堆肥土等量配合，并加入适量的河沙。

光照 喜暖耐阴。春暖后应移至荫棚下养护，遮光50%左右。8月以后增加光照，以促进绣球花的花芽分化。

温度 绣球花的生长适宜温度为18~28℃。

浇水 经常保持土壤湿润，但也不宜浇水过多，炎热的夏季蒸发量大，每天需浇水1次。春秋季节2~3天浇水1次，冬季要节制浇水，一般1个月沿着盆边浇水少许即可。雨季则要注意排水，防止因受涝而发生根部腐烂。

施肥 生长期间每2~3周施以腐熟的液肥1次，花期喷0.2%的磷酸二氢钾溶液，可使枝叶繁茂，植株粗壮挺立。

病虫 病害主要有白粉病和叶斑病，用65%代森锌可湿性粉剂600倍液喷洒防治。虫害有蚜虫和盲蝽危害，可用40%氧化乐果乳油1 500倍液喷杀。

越冬 冬季温度不低于5℃。冬季要移入室内并放置到向阳处。

繁殖 常用扦插法繁殖。在3月上旬植株尚未萌发时进行，此时切取绣球花枝梢2~3节，插于准备就绪的苗床中，注意保温和保湿，1个月左右可生根。

仙客来 ◀祈愿平安的植物

[别名：萝卜海棠、兔耳花、兔子花、一品冠]

仙客来是一种极可爱的花卉，心脏形的翠绿叶丛中，抽出一个个长的花梗，五个花瓣向上翻卷，极似兔子耳朵，因此又名"兔子花"。把仙客来送给小朋友或童心未泯的老人，具有祝愿其生活快乐，无忧无虑的寓意。

基质 可用以腐殖土6份、园土3份及1份过磷酸钙混合的培养土。

光照 仙客来喜阳光，延长光照时间，可促进其提前开花。因此，应将仙客来放置在阳光充足的地方养护。

温度 生长适宜温度为12～20℃，温度不宜超过30℃。夏季气温高，极不利于仙客来生长，要把盆花移到室外阴凉、通风的地方，可搭荫棚遮阴，并控制浇水，停止施肥。

浇水 仙客来属喜湿怕涝植物，水分过多不利于其生长发育，甚至引起烂根、死亡现象。盆土见干时才浇水，浇水要浇透，以盆底见溢水为宜。浇水时不要浇到球茎上。

施肥 仙客来在孕蕾开花的过程中不断地消耗养分。一般可每隔2周施1次氮、磷、钾比例为2：2：6的复合肥。

病虫 仙客来常见的病虫害有软腐病和蚜虫的危害。软腐病都在7～8月高温季节发生，发病前可用等量式波尔多液喷洒1～2次。 生长期还易发生蚜虫和卷叶蛾危害叶片及花朵，可用40%氧化乐果乳油1 000倍液喷杀。

越冬 10月以后气温下降时移入室内，置阳光充足处，室温保持在10～18℃。进入12月份，仙客来开始开花，并继续形成花蕾。

繁殖 一般用播种繁殖。

白鹤芋 ◀祈愿平安的植物

[别名：苞叶芋、异柄白鹤芋、一帆风顺]

白鹤芋叶片翠绿，洁白佛焰苞，非常清新幽雅，是十分常见的观花植物。它还是过滤室内废气的能手，对付氨气、丙酮、苯和甲醛都有一定功效，故又名"一帆风顺"，寓意纯洁平静、祥和安泰。

基质 盆栽用土可用腐殖土或泥炭土加河沙或珍珠岩均匀配成，另外加少量骨粉或饼末作基肥。盆土要求疏松、排水和透气性良好。

光照 喜半阴的环境，切忌阳光直射。适合室内具有明亮散射光处培养。

温度 生长适宜温度为22～28℃。

浇水 叶片较大，对湿度比较敏感。夏季高温和秋季干燥时，需要多喷水，保证空气湿度在50%以上，有利于叶片生长。保持盆土见干见湿的状态。

施肥 生长旺季每1～2周施1次稀薄的复合肥或腐熟饼肥水。

病虫 常见细菌性叶斑病、褐斑病和炭疽病，另有根腐病和茎腐病发生。

越冬 冬季温度不低于14℃。温度低于10℃，植株生长受阻，叶片易受冻害。

繁殖 可用分株法和播种法繁殖，也可用组织培养法大量繁殖。由于白鹤芋易产生萌蘖，故多用分株法繁殖。生长健壮的植株2年左右可以分株1次。

53

第三章

健康花草四季不败

常春藤　◀净化空气的植物

[别名：土鼓藤、钻天风、三角风、爬墙虎、散骨风]

　　常春藤的茎枝有气生根，幼枝被鳞片状柔毛，蔓梢部分呈螺旋状生长，能攀缘在其他物体上。茎可达二十多米，其上具有附生根，嫩枝上具有鳞片。叶片有两种形态：一种是不育枝上的三角形或戟形叶片，全缘或具三浅裂；另一种是可育枝上披针形的叶片，全缘，叶柄细长。常春藤的叶色和叶形变化多端，四季常青，是优美的攀缘性植物，可以用作棚架或墙壁的垂直绿化。又适合于室内盆栽培养，也是非常好的室内观叶植物，可作盆栽、吊挂等。

基质 一般用腐殖土4份、园土3份、河沙2份和基肥1份配制而成。

 光照 只适合半日照的生长环境，直射光会造成植物的烧伤。但要注意的是，斑叶品种的常春藤需要较多的阳光，如此叶面的斑纹才会更加美观，吸引人的目光。

温度 生长适温为16～21℃，喜温暖、较耐寒，忌高温、干燥环境。

浇水 平时浇水不宜过多，要见干见湿。生长旺季要保持盆土湿润，充分浇水，高温季节还要注意通风，喷水降温，否则易引起生长缓慢。

施肥 生长季节每半月施1次稀薄饼肥水或复合花肥，氮、磷、钾三者的比例以1：1：1为宜。生长旺季也可向叶片上喷施1～2次0.2%的磷酸二氢钾溶液，可使叶色更加美丽。但施有机肥时不能沾污叶面，否则会引起叶片焦枯。

病虫 病害很少。危害的虫害较多，主要有介壳虫、螨类，可用40%氧化乐果乳油1 000倍液，或50%马拉硫磷1 500倍液，每隔7～10天喷1次，连续2～3次。

越冬 冬季放入温室越冬，盆土不宜过干或过湿，并具有一定的空气湿度。

繁殖 可采用扦插法、分株法和压条法进行繁殖。切下具有气生根的半成熟枝条作插穗，其上要有数个节，插后要遮阴、保湿、增加空气湿度，3～4周即可生根。匍匐于地的枝条可在节处生根并扎入土壤，因此，用分株法和压条法都可以繁殖。

小贴士

常春藤能有效抵制尼古丁中的致癌物质。通过叶片上的微小气孔，能吸收有害物质，并将之转化为无害的糖分与氨基酸。

吊 兰 ◀净化空气的植物

[别名：钓兰、挂兰、兰草、折鹤兰]

　　吊兰属百合科多年生常绿草本植物。根肉质，叶细长，似兰花。吊兰叶腋中抽生出的葡匐茎，长可尺许，既刚且柔；茎顶端簇生的叶片，由盆沿向外下垂，随风飘动，形似展翅跳跃的仙鹤，故有折鹤兰之称。吊兰的最大特点在于成熟的植株会不时长出葡匐茎，葡匐茎长30～60厘米，先端均会长出小植株。花亭细长，长于叶，弯垂；总状花序单一或分枝，有时还在花序上部的节上生长2～8厘米的条形叶丛；花白色，数朵一簇。花期在春夏间，室内养殖冬季也可开花。

一般用腐殖土4份、园土3份、河沙2份和基肥1份配制而成。

 吊兰喜半阴环境，可常年在明亮的室内栽培。在室外栽培的吊兰，夏日在强烈直射阳光下也能生长良好。但是，长期在室内栽培的吊兰，应避免强烈阳光的直射，需遮去50%～70%的阳光。

温度 生长适温为20～24℃。30℃以上停止生长，叶片常发黄干尖。

浇水 喜湿润，其肉质根贮水组织发达，抗旱力较强，但3～9月生长旺期需水量较大，要经常浇水及向叶面喷雾，以增加湿度。夏天每天早晚应各浇水1次，春、秋两季每天浇水1次，冬季禁忌湿润，可每隔4～5天浇水1次。

施肥 生长季节每2周施1次液体肥。花叶品种应少施氮肥，否则叶片上的白色或黄色斑纹会变得不明显。环境温度低于4℃时停止施肥。

病虫 病害有软腐病、炭疽病、叶枯病、根腐病。发病期间及时喷洒75%甲基托布津可湿性粉剂1 000倍液，75%百菌清可湿性粉剂600倍液，隔7～10天1次，连续3～4次。常见的虫害有介壳虫和粉虱。可用40%氧化乐果乳油1 000倍液，每隔7～10天喷1次，连续2～3次。

越冬 冬季室温保持12℃以上，植株可正常生长，抽叶开花。若温度过低，则生长迟缓或休眠，低于5℃，则易发生寒害。

繁殖 可采用扦插、分株、播种等方法进行繁殖。扦插时，只要取长有新芽的匍匐茎5～10厘米插入土中，约一个星期即可生根，20天左右可移栽上盆，浇透水放阴凉处养护。

小贴士

吊兰具有极强的吸收有毒气体的功能，故又有"绿色净化器"之美称。在一间10平方米的房间内，2盆吊兰可在24小时内将空气中的一氧化碳、过氧化氢等有毒气体吸收干净，还能消除房间里80%的有害物质，吸收86%的甲醛。如果有人在室内吸烟，摆上一盆吊兰，就不会感觉到烟雾太大。

朱 蕉 ◀净化空气的植物

[别名：红竹、红叶铁树、千年木]

　　朱蕉属常绿灌木，茎直立，少分枝。茎皮呈灰白色或灰褐色，上有明显的环状叶痕。盆栽株高为1~3米。叶聚生茎顶部，呈披针形或卵圆状披针形，长30~60厘米，宽7~10厘米，顶端渐尖，基部圆形，叶质较薄，中肋明显，具有平行脉，叶面为绿色或带紫红色，其间有玫瑰红色的条斑。叶柄长10~15厘米，基部抱茎，中有一道很深的宽槽沟，在茎干上呈螺旋状排列。大型圆锥花序，着生于茎顶叶腋。花小，呈白色，也有淡红、紫红、淡黄等色，因品种而异。花期为冬季至翌年早春。

基质 用腐殖土7份与河沙或锯末3份配制。

光照 喜光，一般的阳光可以适应，但在夏季烈日下要遮阴，以免灼伤叶子。在室内要放在明亮的窗边。

温度 生长适温为20～25℃，夏季白天不宜超过30℃，冬季夜间不宜超过7℃，但个别品种能耐0℃。

浇水 朱蕉喜水，在生长期间必须注意及时浇水，以保持土壤湿润，但不要让花盆浸在水中。在冬季休眠期间，保持盆土不完全干掉即可。在生长期间若缺水，植株容易落叶。

施肥 在生长期间可每半个月施1次复合肥。

病虫 主要有炭疽病和叶斑病危害，发病期间及时喷洒75%甲基托布津可湿性粉剂1000倍液，75%百菌清可湿性粉剂600倍液。发生介壳虫危害的叶片，用40%氧化乐果乳油1000倍液喷杀即可。

越冬 冬季将花盆移至室内光线充足处，减少浇水并停止施肥，室温不低于10℃即可安全越冬。

繁殖 家庭里可用扦插的方法来繁殖朱蕉。可选用枝条进行扦插，也可以用茎段来进行扦插。茎插可选用嫩茎或者没有叶子的老茎，剪成5～10厘米长的小段。

小贴士

朱蕉的叶片与根部能吸收二甲苯、甲苯、三氯乙烯、苯和甲醛，并将其分解为无毒物质。朱蕉在抑制有害物质方面是其他植物很难达到的，故享有室内空气"净化之王"的美誉。

波士顿蕨 ◀净化空气的植物

[别名：高肾蕨]

　　波士顿蕨叶片为羽状复叶，密生、稍皱，呈淡绿色，株高约30厘米，其匍匐茎可向四方伸展开来并长出新的小芽。细碎的叶片非常优美，叶子的颜色也特别明亮，是蕨类植物中最受欢迎的。波士顿蕨开始的时候是向上直立生长的，当叶子长得茂盛的时候就会垂下来，淡绿色有光泽的羽裂叶向下弯曲生长，形态潇洒优雅，常作小盆栽置于室内。

基质 盆栽选用腐殖土、河沙和园土的混合培养土。

光照 喜半阴。屋内置放地点应有明亮的散射光。阳光直射时叶片会产生枯焦；较长时间地过阴则会造成叶片的大量脱落。

温度 喜温暖气候。生长适宜温度为18～24℃，低于5℃时会生长不良。

浇水 生长期间忌盆土过干或过湿。夏季每天浇水1～2次，每天向叶面及周围环境喷水2～3次，以增加空气湿度。但冬季要控制浇水量。喜盆土湿润和较高的空气湿度。

施肥 需肥不多，不宜过多施用速效化肥。生长期间宜施用稀释的腐熟液肥，但注意勿沾污叶面，以免伤害叶片，施用后要用清水清洗被污染的叶片。

病虫 病害主要是叶斑病和猝倒病。虫害主要是毛虫、介壳虫、粉蚧和线虫等造成的危害。应将蕨类植物孢子播种在用蒸汽消毒处理过的土壤上，或用敌克松溶液浇灌处理土壤，有助于抗御猝倒病。

越冬 在冬季室温宜保持在6℃以上为好，如发现下层老叶枯黄时应及时剪除，以保持植株美观。

繁殖 常用分株法繁殖，夏季从生长旺盛的植株中剪下匍匐枝上生出的带根小植株，另行栽植即可。

小贴士

波士顿蕨每小时能吸收大约20微克的甲醛，因此被认为是最有效的"生物净化器"。成天与油漆、涂料打交道的人，或者身边有喜好吸烟的人，应该在工作场所放至少一盆蕨类植物。另外，它还可以抑制电脑显示器和打印机中释放的二甲苯和甲苯。

鹅掌柴　◀净化空气的植物

[别名：鹅掌木、鹅掌藤]

　　鹅掌柴属常绿大乔木或灌木，栽培条件下株高30～80厘米不等。分枝多，枝条紧密。掌状复叶，小叶有5～9枚，呈卵状椭圆形，长9～17厘米，宽3～5厘米，端有长尖，叶革质，浓绿，有光泽。花小，多数为白色，有香气，花期为冬、春季，浆果呈球形，果期为12月至翌年1月份。 株形丰满优美，适应能力强，是极易存活的盆栽植物。适宜布置客厅、书房及卧室。春、夏、秋也可放在庭院庇荫处和楼房阳台上观赏。也可庭院孤植，是南方冬季的蜜源植物。叶和树皮可入药。

基质 可用泥炭土、腐殖土加少许珍珠岩和少量基肥混合而成培养土，也可用细沙土盆栽。

光照 喜半阴，在明亮且通风良好的室内可较长时间观赏。如室内每天有4小时左右的直射光即能生长良好。有黄、白斑纹的品种若光照太弱或偏施氮肥会使其斑纹模糊，从而失去了原有特征。

温度 喜温暖，生长适宜温度为16~27℃，冬季温度不低于5℃。若气温在0℃以下，植株则会受冻，出现落叶现象。

浇水 夏季需要较多的水分．每天浇水1次，使盆土保持湿润，春、秋季节每隔3~4天浇水1次。如水分太多，易引起根腐。

施肥 夏季生长期间每周施肥1次，可用氮、磷、钾等量的颗粒肥松土后施入。斑叶种类则少施氮肥，氮肥过多则斑块会渐淡而转为绿色。

病虫 主要有叶斑病和炭疽病危害，可用25%多菌灵可湿性粉剂300~600倍液或50%甲基托布津1000倍液喷洒。虫害主要有介壳虫危害，用40%的氧化乐果乳油1000倍液喷杀。

越冬 入冬后应放置在冷室内，温度不宜低于5℃，否则会造成落叶。土壤要稍为湿润些，环境也不能太干燥。

繁殖 常用扦插法繁殖。扦插最好在5~7月进行，做法是剪取带2~3个节的绿枝扦入蛭石中，放置在阴湿处，约30天可以生根。

小贴士

鹅掌柴可以给吸烟家庭带来新鲜的空气，漂亮的鹅掌形叶片可以从烟雾弥漫的空气中吸收尼古丁和其他有害物质，并通过光合作用将之转换为无害的植物自有的物质。

65

垂叶榕 ◀净化空气的植物

[别名：细叶榕]

垂叶榕为常绿乔木，高可达6米，盆栽市场呈灌木状。幼枝为淡绿色，后呈灰白色或棕褐色，树干易生气生根，小枝柔软下垂。叶互生，呈椭圆形或倒卵形，顶端长有尾尖叶，长5～10厘米，宽3～5厘米，革质，光亮，全缘，叶柄长0.7～2厘米，托叶呈披针形。全株具乳汁。小枝微垂，摇曳生姿。绿叶青翠，典雅飘逸。节部发生许多气根，状如丝帘。它尤以耐阴、耐空调著称，是室内植物中的佼佼者。

基质 以普通园土为主，掺入少量的腐殖土及少量河沙，同时配以少量农家肥作基肥。

光照 对光线要求不太严格，一般应置于光亮处，但应避免强光直射。日照不足，则节间伸长，叶片垂软，长势微弱；日光充足，则叶肉变厚，富有光泽。

温度 具有一定的耐寒能力，生长适温为15～30℃。

浇水 生长旺盛期应经常浇水，保持湿润状态，并经常向叶面和周围空间喷水，以促进植株生长，提高叶片光泽。冬季盆土过湿容易烂根，须待盆土干时再浇水。

施肥 一般生长季每月施1～2次液肥，以促进枝叶繁茂。但斑叶品种施肥时应减少肥料中的氮素含量，以免氮肥过多使斑纹变浅或消失，影响观赏效果。秋末及冬季可少施肥或不施肥。

病虫 常见叶斑病危害，发病初期可用波尔多液200倍液喷洒2～3次防治。生长期有红蜘蛛危害，用40%三氯杀螨醇可湿性粉剂1000倍液喷杀。

越冬 一般青叶品种耐寒力强，越冬温度为3～5℃；斑叶品种耐寒力差，越冬温度要稍高，要求7～8℃左右，温度太低容易引起落叶。

繁殖 常用扦插法繁殖。扦插在5～6月进行，剪取顶端嫩枝，长10～15厘米，上部留2～3片叶，待切口干燥后再插入沙盆中，一般25～30天即可生根。

小贴士

垂叶榕是十分有效的空气净化器，表现出许多优良的特性，可以提高房间的湿度，有益于我们的皮肤和呼吸。同时它还可以吸收甲醛、二甲苯及氨气并净化混浊的空气。

绿萝　◀净化空气的植物

[别名：黄金葛、魔鬼藤]

　　大型常绿藤本植物。绿萝藤长数米，节间有气根。随生长年龄的增加，茎增粗，叶片亦越来越大。叶互生，呈绿色，少数叶片也会略带黄色斑驳，全缘，心形。绿萝是非常常见的室内装饰植物之一，攀藤观叶花卉。萝茎细软，叶片娇秀，在家具的柜顶上高置套盆，任其蔓茎从容下垂，或在蔓茎垂吊过长后圈吊成圆环，宛如翠色浮雕。这样既充分利用了空间，净化了空气，又为呆板的柜面增加了线条活泼、色彩明快的绿饰，极富生机，给居室平添融融情趣。

用腐殖土和园土等量混合作培养土。

除夏天阳光过强应遮阴外，其余时期应尽可能让其多接受阳光，使其节间充实、叶色浓绿。若长期将其放在光线过于阴暗的环境下，不仅会引起蔓性茎徒长，节间变长，株形稀散，而且叶面上的黄白条斑会变小而色淡，甚至色斑完全消失褪为绿色。

绿萝最适宜的生长温度为白天20~28℃，晚上15~18℃。

绿萝的根系喜中等湿润环境。叶片要求相对湿度在60%以上，所以在适度浇水，保持盆土见干的同时，需经常向叶面、叶背喷水。在夏、秋季每天早、中、晚向叶面喷水，以增加湿度。

以氮肥为主，钾肥为辅。春季绿萝的生长期到来前，每隔10天左右施硫酸铵或尿素0.3%溶液1次，并用0.05%~0.1%的尿素溶液为叶面施肥1次。秋、冬季节，施肥以叶面喷施为主。

常见的病害有叶斑病和根腐病。防治时需清除病叶，注意通风。发病期喷50%多菌灵可湿性粉剂500倍液，并灌根。虫害很少，但通风不良时易发生介壳虫危害。

不耐寒冷，15℃以下生长缓慢，越冬温度不低于10℃。

一般采用扦插法繁殖。剪取15~30厘米的插穗，将基部1~2节的叶片去掉，直接插入素沙或蛭石中，深度为插穗的1/3，淋足水，置庇荫处，每天向叶面喷水或盖塑料薄膜保湿，环境温度不低于20℃。

小贴士

绿萝生命力顽强，可以在其他室内植物无法适应的环境下存活。通过类似光合作用的过程，它可以把织物、墙面和烟雾中释放的有毒物质分解为植物自有的物质。一盆绿萝在8~10平方米的房间内就相当于一个空气净化器，能有效吸收空气中的甲醛、苯和三氯乙烯等有害气体。在厨房或者洗手间的门角摆放或者悬挂一盆绿箩之类的藤蔓植物，可以有效吸收家用清洁洗涤剂和油烟气味中的化学物质。

袖珍椰子　◀净化空气的植物

[别名：矮生椰子、袖珍棕、矮棕]

　　袖珍椰子茎干细长直立，不分枝，深绿色，上有不规则环纹。叶片由茎顶部生出，羽状复叶，全裂，裂片宽披针形，羽状小叶有20～40枚，镰刀状，深绿色，有光泽。植株为春季开花，肉穗状花序腋生，雌雄异株，雄花序稍直立，雌花序营养条件好时稍下垂，花为黄色呈小珠状。结小浆果，多为橙红色或黄色。

基质 用泥炭土4份、腐殖土2份、河沙2份、2份基肥配成营养土。

 光照 袖珍椰子喜半阴，在强烈阳光下叶色会枯黄。如果长期放置在光照不足之处，植株会变得瘦长，所以在室内最好放在窗边明亮处。

温度 生长最适宜温度在20～30℃之间。

浇水 袖珍椰子喜水，在生长期要保持土壤湿润，在休眠期要等到2/3的盆土干后再进行浇水。另外，袖珍椰子喜高空气湿度，如果太干燥，叶尖就会变成棕色。所以在干燥时节（如秋季）要采取向叶面经常喷水等措施来提高植株周围的空气湿度。

施肥 生长期每2～3周浇1次水培营养液。如901无土栽培营养液或花宝，稀释1 000～1 500倍。

病虫 在高温高湿下，易发生褐斑病。如发现褐斑病，应及时用800～1 000倍甲基托布津或多菌灵可湿性粉剂防治。在空气干燥、通风不良时也易发生介壳虫。如发现介壳虫，除用人工刮除外，还可用氧化乐果乳油800～1 000倍液喷洒防治。

 越冬 冬季室温最好不要低于10℃，低于13℃即进入休眠。

 繁殖 一般都用种子进行繁殖。

小贴士

　　袖珍椰子是高效空气净化器，能同时净化空气中的苯、三氯乙烯和甲醛，非常适合摆放在刚刚装修好的居室中。

龟背竹 ◀净化空气的植物

[别名：蓬莱蕉、铁丝兰、穿孔喜林芋]

　　龟背竹为半蔓型，茎粗壮，节多似竹，故名龟背竹；茎上生有长而下垂的褐色气生根，可攀附他物向上生长。叶厚革质，互生，呈暗绿色或绿色。幼叶呈心脏形，没有穿孔，长大后叶呈矩圆形，具不规则羽状深裂，自叶缘至叶脉附近孔裂，如龟甲图案。叶柄长30～50厘米，深绿色，有叶痕。叶痕处有苞片，革质，黄白色。花状如佛焰，淡黄色。果实可食用。在栽培中还有斑叶变种，在浓绿色的叶片上带有大面积不规则的白斑，十分美丽。

基质 通常用腐殖土、堆肥土、河沙按照3∶3∶4的比例混合配制成培养土。

光照 宜在室内有明亮散射光处栽培。如能在春、秋两季各抽出一段时间放在北面阳台上或屋檐下、廊下养护则长势更加旺盛。龟背竹如受强光直射，叶片易发黄，甚至叶缘、叶尖枯焦，影响观赏效果。

温度 性喜暖畏寒，生长适温为30℃左右，10℃停止生长，进入休眠。

浇水 龟背竹叶片大，水分蒸发快，又喜潮湿，浇水要掌握宁湿勿干的原则，经常使盆土保持湿润状态，但不能积水。春、秋季节每日浇水1次，夏季每日早、晚各1次。入冬后浇水宜减少，盆土过湿，容易导致烂根黄叶。冬季一般3~4天浇1次水。此外，应经常往叶面上喷水，干燥季节和夏季每天喷3~5次，春秋季节每天喷1~2次，以保持空气湿润，使叶色翠绿。

施肥 龟背竹在5~9月期间需每隔10~15天施1次稀肥，可追以氮肥为主的薄肥或复合化肥。如用沤熟的饼肥或养鱼换下来的旧水，效果更好。生长高峰期可进行1~2次根外追肥（叶面施肥），用含0.1%尿素和0.2%磷酸二氢钾的水溶液喷洒在叶面、叶背上。

病虫 介壳虫是龟背竹最常见的虫害，少量发生时可用旧牙刷清洗后用40%氧化乐果乳油1 000倍液喷杀。常见病害有叶斑病、灰斑病和茎枯病，可用65%代森锌可湿性粉剂600倍液喷洒。

越冬 越冬温度不低于3℃。冬季移入室内，放在向阳窗口处多晒太阳。

繁殖 可用扦插和播种方法繁殖，扦插多于春、夏季进行，一般可剪取叶茎顶或带有2个节茎段为插穗（如茎段较粗大也可剪成一节一段），剪去叶片，横卧于河沙苗床或盆中，埋土，仅露出茎段上的芽眼，放在温暖半阴处，保持湿润，接受日照不少于5个小时，30~40天可生根。

小贴士

　　龟背竹夜间有很强的吸收二氧化碳的能力，比其他花卉高6倍以上。含有许多有机酸，这些有机酸能与夜间吸收的二氧化碳产生化学反应，变成另一种有机酸保留下来。到了白天，这种变化的有机酸又还原成原来的有机酸，进而把二氧化碳分解出来，进行光合作用。有一定净化空气的作用，同时对于去除甲醛、尘螨、病菌、二手烟等空气污染也有很强的效果。

银皇后 ◀净化空气的植物

[别名：银后万年青、银后粗肋草、银后亮丝草]

　　银皇后为多年生常绿草本植物。株高30～40厘米，茎直立不分枝，节间明显。叶互生，叶柄长，基部扩大成鞘状，叶狭长，呈浅绿色，叶面有灰绿条斑，叶片面积较大。

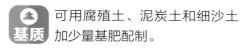可用腐殖土、泥炭土和细沙土加少量基肥配制。

光照 耐阴怕晒。光线过强时叶面变得粗糙，叶缘和叶尖枯焦，甚至大面积灼伤。光线过弱，会使黄白色斑块的颜色变绿或褪色，在明亮的散射光下生长最好，叶色鲜明。日照40%～60%时生长最理想。

温度 喜温暖湿润的气候，不耐寒，在20～24℃时生长最快，30℃以上停止生长，叶片易发黄干尖。

浇水 春秋生长旺季，浇水要充足，盆土应经常保持湿润，并经常用与室温相近的清水喷洒枝叶，以防干尖，但不能积水。

施肥 6～9月为生长旺盛期，10天施一次饼肥水，入秋后可增施2次磷钾肥。春季至秋季间每1～2个月施用1次氮肥能使叶色更富有光泽。室温低于15℃以下，则停止施肥。

病虫 易受介壳虫危害，可用40%氧化乐果乳油1000倍液，或50%马拉硫磷乳油1500倍液喷杀。

越冬 冬季应入室内栽培，越冬温度10℃为宜，不要低于5℃。

繁殖 一般剪取长约10厘米的1～2年生枝条作插条，插在粗沙、蛭石为基质的苗床或直接插于具有疏松培养土的盆中。在温度15～20℃时，约两周即可生根。

小贴士

银皇后可以去除尼古丁、甲醛，空气中污染物的浓度越高，它越能发挥其净化作用，适合通风条件不佳的阴暗房间。

菊 花 ◀净化空气的植物

[别名：寿容、秋菊、日精、女华、黄华、金英]

　　菊花为多年生宿根草本花卉，株高30~90厘米。茎直立，多分枝，茎基部稍呈木质化。单叶互生，叶形变化丰富，从卵形到广披针形，边缘有缺刻及锯齿。头状花序，顶生或腋生，瘦果，果内结一粒无胚乳的种子，翌年1~2月成熟。菊花因花期不同，有夏菊、秋菊、寒菊（冬菊）之分。中国菊花品种已超过3 000种，其中绝大多数为传统盆栽秋菊。

基质 可将园土、腐殖土和素沙按照5：3：2的比例混合配置。

光照 为长夜短日性植物，在每天14.5小时的长日照下进行茎叶营养生长，每天12小时以上的黑暗与10℃的夜温则适于花芽发育。品种不同对日照的需求也不同。

温度 生长适温为18～21℃，最高32℃，最低10℃。

浇水 平时浇水做到见干见湿，避免盆土积水。高温干旱季节，蒸发量大，每天浇水1～2次；低温和阴雨天，应少浇或不浇。遇到大雨时应及时倾盆倒水，以免菊根受涝腐烂死亡。幼苗期浇水量不宜过多，随着菊苗长大，气温也逐渐增高，水量就要增多。摘心整形后蒸发量较小，浇水量也要减少，待发芽后再恢复正常。生长期后含苞待放时，需水量较多，开花后水量应减少。

施肥 菊花生长期以施氮肥为主，并坚持薄肥勤施的原则。生长中期，需肥量增大，每隔3～4天施肥1次，但要考虑品种、个体间的差异，粗种多施，细种不施，叶色浓绿的少施，叶色黄绿的多施。菊花孕蕾期必须停止使用氮肥，而用1%的磷酸二氢钾根外施肥，每周1次，共3次。花蕾形成后，继续施以较浓的氮肥（20%～30%腐熟人粪尿）直至开花。施肥的第二天一定要浇水（俗称"还水"）。

病虫 常见的病害有褐斑病、黑斑病、白粉病及根腐病等。以上几种病的病原均属真菌，皆因土壤湿度太大，排水及通风透光不良所致。盆土宜用1:80甲醛溶液消毒，生长期中再用80%代森锌液可湿性粉剂，或50%甲基托布津1 000倍液喷治。

越冬 入冬后还可移至10℃以下的冷室内，保持盆土湿润，并有适当的光照，使植株在休眠或半休眠状态下越冬。

繁殖 常用扦插法繁殖，多于4～5月扦插。截取嫩枝8～10厘米插穗，插后善加管理。在18～21℃的温度下，多数品种3周左右生根，约4周即可移苗上盆。

小贴士

　　菊花能分解两种有害物质，即存在于地毯、绝缘材料、胶合板中的甲醛和隐匿于壁纸中对肾脏有害的二甲苯，被称为空气的"卫士"。特别是母菊花，在使人生畏的较高浓度的二氧化硫空气中，竟能苗壮成长、枝叶并茂，比其他的植物抗污和净化能力强许多。

石 榴 ◀净化空气的植物

[别名：安石榴]

　　石榴属落叶灌木或小乔木，高2～7米。小枝呈圆形，或略带角状，顶端呈刺状，光滑无毛。叶对生或簇生，呈长倒卵形至长圆形，或椭圆状披针形，长2～8厘米，宽1～2厘米，顶端尖，表面有光泽，背面中脉凸起，有短叶柄。花有数朵，生于枝顶或腋生，有短柄。花期为6～7月，果期为9～10月。

基质 将园土、腐殖土、厩肥、细沙按照3∶3∶2∶2的比例混匀的基质。

光照 生长期要求全日照，并且光照越充足，花就越多越鲜艳。背风、向阳、干燥的环境有利于花芽的形成和开花。光照不足时，会只长叶不开花，影响观赏效果。

温度 适宜生长温度15～20℃。

浇水 耐旱，喜干燥的环境，浇水应掌握见干见湿的原则。在开花结果期，不能浇水过多，盆土不能过湿，否则枝条徒长，导致落花、落果、裂果现象的发生。

施肥 石榴喜肥。春季以氮肥为主，秋季以磷钾肥为主，或用豆饼、鸡鸭粪等沤制充分腐熟液，进行浇灌，并在生长期内进行3～5次叶面喷肥，喷施浓度为0.3%～0.5%的磷酸二氢钾液，以补充土壤施肥。

病虫 石榴树易发生刺蛾、蚜虫、蟓象、介壳虫、斜纹夜蛾等虫害。坐果后，病害主要有白腐病、黑痘病、炭疽病。喷施敌杀死、杀灭菊酯等防治刺蛾、蚜虫；喷杀扑磷、毒死蜱等防治介壳虫，效果良好。每半月左右喷1次等量式波尔多液200倍液，可预防多种病害发生。

越冬 冬季温度不宜低于-18℃，否则会受到冻害。

繁殖 常用扦插、分株、压条等方法进行繁殖。扦插，春季选两年生枝条或夏季采用半木质化枝条扦插均可，插后15～20天生根。分株，可在早春4月芽萌动时，挖取健壮根蘖苗分栽。

小贴士

石榴树能抗氟化氢，对二氧化硫、二硫化碳和铅蒸气吸附能力较强。花谚说，"花石榴，红似火，既观花又观果，空气含铅别想躲"，室内摆一两盆石榴，能降低空气中的含铅量。

雏 菊 ◀净化空气的植物

[别名：春菊、马兰头花、太阳菊、延命菊]

　　雏菊株高10~20厘米，常绿，小叶根生，长2~5厘米，圆形或勺形，被柔毛，叶缘细锯齿状，贴地生长。头状花序直径2~3厘米，由顶端红色的白色舌状花和黄色管状花组成，通常生长在2~10厘米高的裸茎上。多花小轮种花序直径2厘米，大轮种花序近10厘米。舌状花多层，为重瓣花型，花色有红色、白色、粉色及复色，与中心的黄色管状花相映生辉。花型分为单瓣和重瓣。

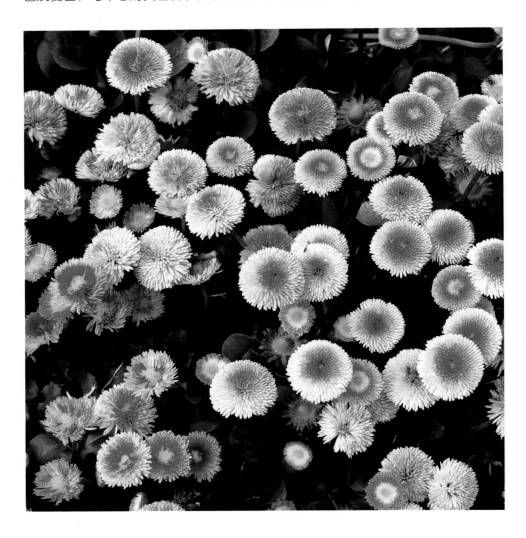

基质 用腐殖土与园土混合作为培养土，并加少量氮磷钾复合肥、骨粉作基肥。

光照 喜光，畏炎热，28~30℃时长势逐渐衰退，管理不好，就会枯萎而死。夏季将其移至通风良好、散射光充足的半阴处，避免中午前后强光直射，可见早晨或傍晚的斜射光。

温度 生长适温为5~25℃。

浇水 坚持见干见湿的原则，3~5天见盆土干即浇少量水，不可过湿，雨季要将渍水随时排掉，否则易烂根死亡。

施肥 施肥不必过勤，每隔2~3周施1次稀薄液体肥。

病虫 常见菌核病、叶斑病和小绿蚱蜢为害。菌核病用50%甲基托布津可湿性粉剂500倍液喷洒。虫害可用50%杀螟松乳剂1 000倍液喷杀。

越冬 入冬后移入室内放在阳光充足处，室温维持在8~10℃左右，给予适量的肥水。

繁殖 常用播种繁殖。9月秋播，发芽适温为18~20℃，播后10~15天发芽。从播种至开花需85~100天。也可用扦插和分株法繁殖。

小贴士

雏菊可有效地除去三氟乙烯的污染。

81

桂　花　◀净化空气的植物

[别名：木犀、丹桂、岩桂、九里香]

　　桂花为木犀科，木犀属，常绿阔叶乔木，高3～15米，冠卵圆形。叶对生，硬革质，椭圆形至卵状椭圆形，全缘或具疏齿。花簇生叶腋或顶生聚伞花序，黄色或白色，极香，花期中秋。果实为紫黑色核果，俗称桂子。桂花的品种很多，常见的有四种：金桂、银桂、丹桂和四季桂。桂花味辛，可入药，有散寒破结、化痰生津的功效。桂花叶茂而常绿，树龄长久，秋季开花，芳香四溢，是中国特产的观赏花木和芳香树。

基质 盆栽可选用腐殖土4份、沙土3份和园土3份混合作为培养土，还应掺加少量鱼鳞、骨粉或过磷酸钙以增加肥力。

光照 喜阳光，生长季内放置背风且光照充足处养护，6～8月是桂花花芽分化形成期，若每日给以10小时的充足光照和35℃以上的高温，可促进孕蕾，提高开花率。忌夏天遮阴、降温而影响花芽分化。

温度 生长适温是25～28℃，超过30℃对生长发育不利，低于-6℃则易遭受冻害。

浇水 掌握见干见湿的原则。一般春、秋季每隔3～4天浇1次，夏季高温每天浇1次，冬季每隔7～10天浇1次，夏季须在早晚浇水，冬季则在中午前后浇水，使水温与土温接近。

施肥 喜肥，生长季节应每7～10天施1次腐熟的稀薄液肥，花前和花后各施1次干肥。整个生长期间，应多施磷、钾肥。

病虫 桂花常见的病害有叶斑病、煤污病、藻斑病、根腐病、缺铁病等，应针对病害情况，予以防治。叶斑病、煤污病及藻斑病可喷射50%多菌灵可湿性粉剂500～1 000倍液防治。常见的虫害有叶蜂、粉虱、螨、长白蚧、黄刺蛾等。叶蜂、粉虱、螨可用40%氧化乐果乳油1 500～3 000倍液喷杀。

越冬 越冬时可放进室内，室温控制在10℃以上，并注意入室和出室前后的适应性。

繁殖 多采用扦插法繁殖，在春季发芽以前，用一年生发育充实的枝条切成5～10厘米长的插穗，上部保留2～3叶片，插于河沙或黄土插床，其上加遮阳；或在夏季新梢生长停止后，剪取当年生长的绿枝，用同法扦插。

小贴士

桂花有较好的净化空气的作用，可吸收空气中的粉尘和水银挥发气体，对空气中的一些有毒气体也有较强的吸收能力，如氯气、二氧化碳、二氧化硫、氟化氢。

君子兰　◀抵御粉尘的植物

[别名：大花君子兰、大叶石蒜、剑叶石蒜、达木兰]

　　君子兰为多年生草本观赏植物。它的根为肉质，鳞茎状部分由叶的基部扩大而成假鳞茎。叶宽带状，革质，有光泽，深绿色。花为伞状花序，有花数朵至数十朵；花形如漏斗状或钟状；花色为黄红色或橘红色；多数单花聚生于花梗顶端，形成一个美丽的花球，非常艳丽。君子兰的株型美观大方，花形秀丽，花色鲜艳，是宴会厅、客厅、门厅和家庭居室陈列的名贵花卉之一。

基质 采用松针、腐熟有机肥、河沙按5：3：2的比例混合。

光照 君子兰喜弱光，特别是夏季，烈日直射易产生"日灼病"。因此，夏季一定要遮阴，以半阴半阳为好，叶色浓绿；但冬季要有充足的阳光，良好的光照，这是产生大且色艳花朵的重要条件。

温度 最佳生长温度在10~25℃之间。

浇水 坚持见干见湿的原则。春、秋两季旺盛生长，水量可大些，保持盆土湿润；夏、冬两季基本上停止生长，不宜浇水，为保持盆土湿润，可在盆面放一层苔藓。

施肥 春、秋两季应多施肥，夏、冬两季应少施或不施肥，未开花的植株多施腐熟饼肥等含氮较多的肥料，秋末可施含钾较多的肥料。已开花的植株，在春季多施腐熟的饼肥，特别是秋季，应多施磷、钾肥，还可用0.2%磷酸二氢钾液在清晨或傍晚进行根外追肥。

病虫 易发生腐烂病，注意不要使盆内积水，夏季高温注意通风、遮阴降温，必要时可喷洒甲基托布津1000~1250倍液。危害君子兰的害虫，以康氏粉蚧为主，防治其若虫、成虫，以喷洒6 50~1000倍的敌敌畏溶液效果最好。

越冬 移入室内越冬，冬季室内气温应保持在15℃左右，放置在阳光充足之处。冬季在室内因蒸发水分少，可适当控制浇水量。

繁殖 常采用分株繁殖法，一般是在植株开花之后，于4~5月间换盆之际，将母株盆中的小植株分离下来，即可分盆栽植。

小贴士

君子兰那宽大肥厚的叶片上，生长着许多气孔和绒毛，能分泌大量黏液，在气体交流过程中，能吸收室内大量的有害气体，净化室内空气，所以君子兰又被人们誉为"吸收机""除尘器""人体健康的维护神"。

无花果 ◀抵御粉尘的植物

[别名：蜜果、文仙果、品仙果、奶浆果]

无花果树冠球形，叶果美丽，果树雌雄异花，花隐于囊状花托内，外观只见果而不见花故名无花果。果形扁圆，果皮绿色或红绿之间，果肉细软，营养丰富，果味甘甜如蜜。果实除食用外还具有药用所值，可健胃清肠，消肿解毒。

基质 将园土、沙土、腐熟有机肥按照8:1:1的比例混合制成。

 光照 无花果为喜光树种，在生长期需要充足的光照才能正常发育结果。生长在背阴处，光照条件差的地方，会使无花果的枝条细弱，叶片小而薄，光合能力低，影响花序的分化和果实的发育，果实生长小，品质差，甚至不能成熟即脱落。

 温度 生长适温为20~30℃。

浇水 浇水要适量，不可过多，生长期每天浇1~2次水，果实成熟后减少浇水。入温室前浇1次透水，入室后基本不浇水。

施肥 每月施1次稀薄液肥，于落叶前后施基肥，在果实迅速膨大前追肥。

病虫 无花果的病虫害较少。常见造成较大危害的，有桑天牛、根结线虫和果实炭疽病等。对果实炭疽病，应在夏秋季果实发病前及早喷布0.5%~1%波尔多液或75%百菌清600~800倍液加以防治。

越冬 冬季霜降后入室养护，整个冬季浇1~2次水即可，室温保持在3~5℃。

繁殖 无花果多用扦插方法进行繁殖。春季选生长充实、粗约1.5厘米的1年生枝条，长20~25厘米作为插穗，直插沙土中，深6厘米，插后浇透水，保持湿润。

小贴士

无花果枝叶光洁，叶片大，具有良好的吸尘效果。能抵御二氧化碳、二氧化硫、硝酸雾、苯、粉尘等有害气体的污染。

虎尾兰 ◀天然植物氧吧

[别名：千岁兰、锦兰]

虎尾兰为多年生肉质草本植物，具匍匐的根状茎，褐色，半木质化，分枝力强。叶片从地下茎生出，丛生，扁平，直立，先端尖，剑形；叶长30~50厘米，宽4~6厘米，全缘。叶色浅绿，正反两面具白色和深绿色的横向如云层状条纹，状似虎皮，表面有很厚的蜡质层。花期一般在11月，具香味，多不结实。

基质 可用腐殖土、园土和等量粗沙加少许腐熟厩肥，混匀配成营养土。

光照 置于阴处或半阴处，光线太强时，叶色会变暗、发白。除盛夏须避免烈日直射外，其他季节均应多接受阳光；若放置在室内光线太暗处时间过长，叶子颜色会发暗，缺乏生机。

温度 生长适温为18～27℃。

浇水 抗旱能力较强，数日不浇水也不会受到太大的影响。浇水太勤，叶片反而变白，斑纹色泽也变淡，叶片的基部容易腐烂。因而浇水要适量，掌握宁干勿湿的原则，要避免浇水浇入叶簇内。夏季高温每天还需向叶片喷水2～3次，提高空气湿度，以利保持叶色深绿。

施肥 春季可施用1次腐熟的饼肥，如香油饼、豆饼等。生长期间可施用饼肥浸泡的稀薄肥水。进入冬季停止施肥。

病虫 主要病害有细菌性软腐病、叶斑病和炭疽病。防治细菌性软腐病可喷施农用链霉素1 000倍液；防治叶斑病和炭疽病可喷70%甲基托布津800倍液或75%百菌清600倍液。虫害主要有象鼻虫等，防治象鼻虫可用三氯氟氰菊酯1 000倍液喷杀。

越冬 冬季室温不能长时间低于10℃，低于13℃即停止生长。植株基部也容易发生腐烂，造成整株死亡。

繁殖 常采用分株法繁殖，金边虎尾兰一株一年能生出3个小芽，春秋可结合换盆进行分株，将小株连在母株上的根茎切断，断口涂抹硫黄粉或草木灰，晾干后便可上盆，3～4芽为一单位。

小贴士

虎尾兰的肉质茎上的气孔白天关闭，夜间打开，在吸收二氧化碳的同时，刚好可以释放出大量负离子，使室内空气中的负离子浓度增加。同时它还能吸收大量的铀等放射性核素，清除甲醛、三氯乙烯、硫比氢、苯、苯酚、氟化氢和乙醚，重金属微粒等空气中的有毒成分。

八角金盘 ◀天然植物氧吧

[别名：八手、手树、八金盘]

　　八角金盘为常绿灌木。叶大，掌状，5～9条深裂，厚，有光泽，边缘有锯齿或呈波状绿色有时边缘金黄色。因其叶多为8裂，故称八角金盘。叶柄长，基部肥厚。伞形花序集生成顶生圆锥花序，花白色。花期10～11月。浆果球表，紫黑色，外被白粉。翌年5月成熟。

基质 可用园土7.5份加2.5份砻糠灰混合使用，加点基肥。

 光照 要避免烈日直射，放置在建筑物北侧等半阴处通风良好的环境比较适合。

 温度 喜温暖，也较耐寒。生长室温13～23℃。

浇水 在新叶生长期，浇水要适当多些，保持土壤湿润；以后浇水要掌握见干见湿。气候干燥时，还应向植株及周围喷水增湿。

施肥 生长旺季可每月施用1次液体复合肥，冬季停止施肥。

病虫 病害主要有叶斑病和炭疽病。防治叶斑病和炭疽病可喷70%甲基托布津800倍液，或75%百菌清可湿性粉剂600倍液。虫害主要有介壳虫，可用40%氧化乐果乳油1 000倍液喷施。

 越冬 需入室越冬。冬季要注意防寒，可放置在向阳避风处。

繁殖 以扦插繁殖为主，以梅雨季节最宜，取茎基部萌发的小侧枝长10厘米左右，扦入河沙或蛭石中，注意遮阴保湿，半个月就能生根。

棕 竹 ◀天然植物氧吧

[别名：观音竹、筋头竹、棕榈竹]

　　棕竹为丛生灌木，茎干直立，高1～3米。茎纤细如手指，不分枝，有叶节，包以有褐色网状纤维的叶鞘。叶集生茎顶，掌状，深裂几达基部，有裂片3～12枚，长20～25厘米，宽1～2厘米；叶柄细长，8～20厘米。肉穗花序腋生，花小，淡黄色，极多，单性，雌雄异株。花期4～5月。浆果球形，种子球形。

基质 盆栽可用腐殖土、园土、河沙等量混合配制作为基质，并加适量基肥。

光照 棕竹较耐阴，在明亮的房间内可以长期欣赏；在较暗的室内也可连续摆放3～4月。夏季需搭棚遮阴，要避免阳光直射。

温度 生长适温20～30℃。

浇水 棕竹生长快，叶片多，需水量大，在生长发育期间，必须要保证有充足的水分供应，以保持盆土湿润为宜，一般每2～3天浇1次清水。

施肥 要掌握勤施薄施，少量多次，以优质有机肥和高效磷钾肥为主，适当补充微量元素肥料为原则，一般要求每15～20天施1次肥。

病虫 棕竹病虫害较少，主要有介壳虫，可人工洗刷杀之，严重时可用40%氧化乐果乳油1000倍液喷施。经常施以少量硫酸亚铁溶液，可防止叶片黄化。

越冬 不耐寒，越冬温度不能低于10℃，冬季要放进室内。

繁殖 以分株为主，分株在早春3～4月结合换盆进行。全株翻出，视新根的长势，用利刀切成树丛，再行上盆。

合果芋 ◀天然植物加湿器

[别名：紫梗芋、剪叶芋、丝素藤、白蝴蝶、箭叶]

　　合果芋属于多年生常绿草质藤本植物。茎绿色，攀附生长，上有多数气生根。叶互生，叶片的形态多种多样，叶色亦变化莫测，一般来说，幼叶箭形，淡绿色，老熟叶常3裂似鸡爪状深裂，深绿色。肉穗状花离，花序外有佛焰苞包被，其内部红色或白色，外部绿色，花期秋季。

基质 草炭土5份、园土2.5份、河沙2.5份混合。

光照 不可过于荫蔽或在强烈的阳光下暴晒，烈日直射容易灼伤叶片，长期过于阴暗则叶片变小且叶色变淡。所以最好将其置于有明亮光线处、这样叶片大而色彩艳。

温度 生长适温为22～30℃，在15℃时生长较慢，10℃以下则茎叶停止生长。

浇水 夏季生长旺盛期，需充分浇水，保持盆土湿润，以利于茎叶快速生长。每天增加叶面喷水，保持较高的空气湿度，叶片生长健壮、充实，具有较好的观赏效果。水分不足或遭受干旱，叶片粗糙变小。

施肥 生长期每2周施1次稀薄液肥。

病虫 常见叶斑病和灰霉病危害，可用70%代森锌可湿性粉剂700倍液喷洒。虫害有粉虱和蓟马危害茎叶，用40%氧化乐果乳油1 500倍液喷杀。

越冬 冬季移入室内，放在散射光比较充足的地方养护。冬季温度在5℃以下叶片易出现冻害。

繁殖 主要采用扦插法繁殖。在夏、秋两季进行，选取带有2～3片叶子的幼嫩茎段作为插穗，插入沙床或其他基质中，遮阴，保湿，很快就可以生根，繁殖较快。

小贴士

可提高空气湿度，并可吸收大量空气中的甲醛和氨气。叶子越多，其净化空气和保湿功能就越强。

95

夏威夷椰子　◀天然植物加湿器

[别名：竹茎玲珑椰子、竹榈、竹节椰子]

　　夏威夷椰子茎干直立，株高1～3米。茎节短，中空，从地下匍匐茎发新芽而抽长新枝，呈丛生状生长，不分枝。叶多着生茎干中上部，为羽状全裂，裂片披针形，互生，叶深绿色，且有光泽。花为肉穗花序，腋生于茎干中上部节位上，粉红色。浆果为紫红色。开花挂果期可长达2～3个月。

 温度 生长适温20～30℃。

浇水 生长期要求经常保持盆土湿润，空气干燥时要经常进行叶面喷水，以提高环境中的空气湿度，这样有利于植株生长并保持叶色浓绿，富有光泽；秋末及冬季适当减少浇水量，保持盆土湿润不干即可，以增强植株抗寒越冬能力。

施肥 生长季节3～10月，每1～2周施1次液肥或颗粒状复合肥。

病虫 在高温高湿条件下，夏威夷椰子可能发生褐斑病和霜霉病，对此可用杀菌剂（如多菌灵可湿性粉剂或甲基托布津1000倍液）喷杀防治。

基质 可用腐殖土、园土、河沙等量混合并加少量腐熟有机肥混合配制，作为培养基质。

光照 忌强光，夏季摆放在室外时，要适当遮阴。耐阴，春、夏、秋三季可摆放在室内任意位置。

越冬 低于5℃易出现冻害，冬季宜放在阳光较充足处。

繁殖 可用分株法繁殖。分切时要注意少伤根部，并使每一丛保留一定根系，否则恢复慢，甚至影响成活。

迷迭香 ◀自然芳香植物

[别名：海洋之露、艾菊]

迷迭香为唇形花科，属多年生常绿小灌木。叶呈狭长形似松针，边缘反卷，灰绿色革质，干燥后呈针状。茎方型，由叶腋着生白色小花为总状花序，花长1.2厘米。花色有蓝色、粉红色、白色等。一般在12月至次年4月开花，小花含多量花粉，对蜜蜂吸引力很大，故所生产的蜂蜜品质佳。果实为很小的球型坚果，卵圆或倒卵形，种子细小，呈黄褐色。

基质 可将园土、粗砂、泥炭土、腐熟的有机肥按照4：3：2：1的比例混合作为培养土。

光照 迷迭香需要全日照，这样香气会较浓郁，植株抗病能力最佳，若非不得已，至少要半日照。夏季炎热季节需要遮阴。

温度 生长适温为8～28℃。

浇水 迷迭香如针的叶子上都有一层油，能保护其水分不易蒸发。所以，浇水要少，见干见湿，尤其是梅雨季节，水分过量容易烂根。同时浇水不能碰到叶片。

施肥 每2周施长效性液肥1次。

病虫 香气浓烈的迷迭香几乎无虫害问题。

越冬 较耐寒。冬季要移入室内放在阳光充足的地方。温度控制在10℃以上。

繁殖 多采用扦插法繁殖。从顶端算起10～15厘米处剪下，去除枝条下方约1/3的叶子，直接插在介质中，2～3周后发芽。

薄 荷 ◀自然芳香植物

[别名：苏薄荷、鱼香草、人丹草]

　　薄荷为多年生草本植物，高50~80厘米，全株具有浓烈的清凉香味。茎基部稍倾斜向上直立，四棱形，被长柔毛。单叶对生，长圆形或长圆状披针形，边缘具尖锯齿，两面有疏柔毛，下面有腺鳞。轮伞花序腋生，花小，淡紫红色，花冠呈二唇形。小坚果为长圆形，藏于宿存萼内。花期在7~10月，果期在9~11月。

🔼 **基质** 可采用4份园土、3份粗砂、2份泥炭土、1份腐熟的有机肥混合作为培养土。

☀ **光照** 薄荷属长日照植物。性喜阳光充足，现蕾开花期要求日照充足和干燥天气，可提高含油量。

❗ **温度** 生长最适温度20～30℃。

💧 **浇水** 掌握见干见湿的原则。一次性浇透，隔2～3天浇1次。

🌱 **施肥** 施肥以氮肥为主，磷钾为辅，薄肥勤施。

🐛 **病虫** 薄荷是一种少病虫害的植物。常见病害有锈病和斑枯病。病初期可以喷1：200的波尔多液。虫害有小地老虎，发病初期可以施用90%敌百虫原粉800倍液。

❄ **越冬** 当气温降至-2℃左右，植株开始枯萎，但地下根状茎耐寒性较强。

🌸 **繁殖** 一般用根茎繁殖，可在3～4月间挖取粗壮、白色的根状茎，剪成长8厘米左右的根段，埋入盆土中经过20天左右就能长出新株。

紫罗兰 ◀自然芳香植物

[别名：草桂花、四桃克、草紫罗兰]

　　紫罗兰属多年生草本花卉，常作1～2年生栽培。株高20～60厘米，全株被灰色星状柔毛。叶互生，长圆形至倒披针形，全缘，叶面呈蓝灰色。顶生总状花序，也有腋生者，小花密集排列在花梗上，花瓣4枚，倒卵形，微带波皱，有白、黄、紫、粉、红以及复色，具芳香。长角果呈棒状，种子上具白色的膜质小翅。花期因品系不同而各异。

基质 盆栽时，可选用由6份腐殖土、4份沙土混匀配成的培养土，或者用腐殖土、泥炭土、沙土各1/3配成的培养土。

光照 紫罗兰喜半阴。若养护地点过于荫蔽，就会出现开花少而色淡或只长叶不开花的现象；若光照太强，又会造成叶片发黄，呈现枯焦现象。

温度 生长适温为18～24℃。

浇水 浇水要适量。浇水不能太多，否则容易造成烂根。同时要注意不要溅到叶片上，不然容易引起叶片腐烂。

施肥 生长发育期间，7～10天施1次稀薄的腐熟液肥或复合化肥。施氮肥不能太多，否则叶片长得很繁茂而开花很少。所以，氮、磷、钾的比例以1：1：1为好。在出现花蕾后适当多施些磷钾肥，则花大色艳。

病虫 易发生病害有根腐病和灰霉病等。可用50%甲基托布津1 000倍液或50%多菌灵可湿性粉剂500倍液防治根腐病，灰霉病则用5%朴海因可湿性粉剂1 500倍液或50%速克灵可湿性粉剂1500～2000倍液防治。虫害有蚜虫、蓟马、潜叶蝇等，分别用1.8%爱福丁乳油3 000倍液，75%辛硫磷乳油1000～1 500倍液防治。

越冬 越冬温度不宜低于0℃。需要注意的是，不要一直将紫罗兰摆放在环境温度较高的地方，因为它必须经过一段低温时期才能正常开花，环境温度偏高其花芽分化受阻。

繁殖 紫罗兰的繁殖以播种为主。

小贴士

紫罗兰花香有助于治疗过敏性的咳嗽及百日咳，尤其适用于呼吸方面的问题；能帮助入眠、对偏头痛有缓解作用；有恢复性欲的功能，是强劲的催情剂；具有温和消除痛苦、疼痛的特质。

茉莉花 ◀自然芳香植物

[别名：茉莉、香魂、木梨花]

茉莉花是常绿小灌木或藤本状灌木，高可达1米。枝条细长、小枝、有棱角，有时有毛，略呈藤本状。单叶对生，光亮，宽卵形或椭圆形，叶脉明显，叶面微皱，叶柄短而向上弯曲，有短柔毛。初夏由叶腋抽出新梢，顶生聚伞花序，有花3～9朵，通常为3朵，花冠呈白色，极芳香。大多数品种的花期为6～10月，由初夏至晚秋开花不绝，落叶型的冬天开花，花期为11月到次年3月。

基质 盆栽茉莉花宜选择土壤肥沃、土质疏松、排水良好的微酸性土壤。一般用6份菜园土、2份腐殖土、2份充分腐熟的有机肥进行配制。

光照 性喜炎热，需充足的光照。光照强则枝干健壮，叶色浓绿，花多而香，阳光不足则节稀花少而不香。因此，应将茉莉花摆在阳台以及庭院光照充足的地方，使其多见阳光，以利于其花芽的萌发。

温度 茉莉花属喜温植物，最适宜的温度为25~35℃。

浇水 茉莉花最怕盆土积水，因此应根据不同的天气及盆土情况浇水。夏季气温高、空气干燥，茉莉花生长旺盛，可在早晚各浇水1次，同时用水喷洒在植株上和盆周围，反之则减少浇水的次数，入冬后不干不浇。同时还要注意浇水时必须浇透。

施肥 春季新梢开始萌动时，宜每周施1次以氮肥为主的稀薄液肥。孕蕾开花时，应该增加每周施两次以磷、钾肥为主的稀薄液肥，浓度也应该适当增加。茉莉花只长枝叶不开花一般是因为氮肥的施用量过大，或缺乏阳光。因此当茉莉花进入生长旺盛期时，应该严格控制氮肥的施用量，多晒太阳，以免植株徒长。

病虫 茉莉花常有螟蛾幼虫、介壳虫、红蜘蛛危害，可用万能粉或杀灭菊酯200倍液进行喷洒，每半月喷洒一次，即使未发生病虫害也应进行喷洒，做到预防在先。在生长期间的病害主要是茎腐病，可用70%的甲基托布津600~1000倍液涂抹病斑或涂枝干。

越冬 冬季要将茉莉花置放在温暖向阳的地方，以免植株遭受冻害，也可用塑料袋将整株罩严，顶端剪几个小孔也可起到保温、保湿、防冻的作用。

繁殖 扦插时期。一般选择在4~10月份进行，选取生长健壮、组织充实的1年生枝条，按10~15厘米的长度剪截插穗，插入土质疏松、排水良好的培养土中，在30℃气温下，经月余即可生根发芽。

小贴士

茉莉花可提取茉莉花油，油中主要成分为苯甲醇及其酯类、茉莉花素、芳樟醇、苯甲酸芳樟醇酯。茉莉花香气能缓解焦虑、促进睡眠，还可以起到镇静、止痛的双重作用。

第四章
观花植物四季栽培攻略

茶 花

[别名：山茶花、耐冬]

　　常绿灌木或小乔木，高可达3~4米。树干平滑无毛。叶卵形或椭圆形，边缘有细锯齿，革质，表面呈亮绿色。花单生成对生于叶腋或枝顶，花瓣近于圆形，变种重瓣花瓣可达50~60片，花的颜色，红、白、黄、紫均有。花期因品种不同而不同，从10月至翌年4月间都有花开放。

基质 茶花喜欢偏酸性、含腐殖质较高、疏松通气的山地红（黄）壤土或山泥土（种作物的熟化红壤土）50%，木屑或食用菌渣40%，饼肥粉或牲畜粪和磷肥粉10%，三者拌匀，浇水适量装袋熟化。

光照 茶花需要适宜的光照，又怕高温烈日直射。春季、秋末时要将茶花移到见光多的阳台上或地面，接受全天光照，促使植株生长发育，促使它花芽分化，花蕾健壮。进入夏天阳光最为强烈，就要将花盆移到见光背阳、通风良好的环境中养护。

温度 生长适温为18～25℃。气温超过35℃，生长受抑制。

浇水 茶花叶片多，叶片面积大，蒸腾作用快。在春秋生长季节每天浇水1次，在夏天特别是"三伏天"每天早晚各浇水1次，如果地面干燥还要向花盆的地面和周边浇水或喷水1～2次，保持一定的空气湿度，每月补浇0.5%～1%硫酸亚铁水。

施肥 入夏后为茎叶生长的旺盛期，增施有机肥，最好是每半月施肥1次。9月现蕾至开花期，增施1～2次磷钾肥。在生长旺盛期，除了根外施肥外，还要以0.2%～0.3%磷酸二氢钾和1%～2%的植物生长素喷施叶片。

病虫 茶花在室内、大棚栽培时，如通风不好，易受红蜘蛛、介壳虫危害，可用40%氧化乐果乳油1 000倍液喷杀防治或洗刷干净。梅雨季节空气湿度大，常发生炭疽病危害，可用等量式波尔多液或25%多菌灵可湿性粉剂1 000倍液喷洒防治。

越冬 茶花虽然耐低温，但冬季应移入室内。室内越冬的温度保持在3～4℃时可以安全越冬。

繁殖 以6月中旬和8月底左右最为适宜。选树冠外部组织充实、叶片完整、叶芽饱满的当年生半熟枝为插条，长8～10厘米，先端留2片叶。以浅插为好，温度维持在20～25℃，插后约3周开始愈合，6周后生根。

107

牡 丹

[别名：木芍药、洛阳花、鹿韭]

　　牡丹为多年生落叶小灌木，生长缓慢，株型小，株高多在0.5～2米之间。牡丹品种很多，根据花的颜色的不同，可分为白、黄、粉、红、紫、绿、黑、蓝8类；按花型则可分为单瓣型、半重瓣型、重瓣型、球型等；按开花早晚可分为早开花种、晚开花种、中开花种3类。

基质 盆土宜用沙土和饼肥的混合土，或用充分腐熟的厩肥、园土、粗砂以1：1：1的比例混匀的培养土。

光照 喜阳但不耐晒，家庭盆栽应置于阳光充足的东向阳台。夏季天热时要及时采取降温措施。最好搭个凉棚，为其遮阴。

温度 牡丹不耐高温，生长室温为16~20℃，低于16℃不开花。夏季高温时，呈半休眠状态。

浇水 根据土壤干湿每隔3~4天浇水1次，以保持盆土湿润为宜。若浇水量过多，土壤过湿，易使枝叶徒长，长时间过湿或积水还会烂根。尤其夏秋季节，更应控制盆土的湿度，应做到不干不浇。夏季干时，应在清晨或夜间浇水，秋季只要不干就不必浇水。过湿芽旺秋发，来春不开花。

施肥 生长期每周施肥水1~2次；开花前和花期浇肥水可每天1次；花谢后施轻肥或进行叶面喷肥，冬季休眠期可不追肥。

病虫 主要病害有黑斑病和炭疽病，应用百菌清可湿性粉剂1 000倍液进行叶面喷施，每5天1次。虫害主要有介壳虫、蚜虫等，可用40%氧化乐果乳油1 000倍液或80%敌敌畏1 200倍液进行喷杀。

越冬 在冬至前后搬入室内，温度应保持在4℃以上，盆土以不干为宜。

繁殖 多采用嫁接法进行繁殖。以芍药作为砧木成功率较高。也可采用分株法、播种法繁殖。

梅

[别名：梅树、梅花]

　　梅为落叶乔木，少有灌木，高可达5～6米。树冠开展，树皮淡灰色或淡绿色。小枝细长，枝端尖，绿色，无毛。叶呈宽卵形或卵形，边缘有细锯齿，先端渐尖或尾尖，基部呈阔楔形，幼时在沿叶脉处有短柔毛，叶柄短，具腺。花梗短，1～2年生枝梢会渐渐增生花朵，萼呈筒钟状，有红色、暗红色及绿色等。花有单瓣或重瓣，白色、红色或淡红色，有芳香，多在早春1～2月先开花，后发叶。核果近圆球形，颜色为黄色或绿色，5～6月成熟。

基质 盆土的培制一般按腐殖土、菜园土3：7的比例，掺少量沙土混合而成。

 光照 梅喜阳，所以一定要放置在阳光充足、空气流通的地方。

温度 喜温暖，生长室温10～25℃。

浇水 盆梅浇水应掌握见干见湿，不干不浇，浇则浇透的原则。夏天可每天下午浇水1次。6月份枝条长至15～20厘米时，花芽开始分化，这时要实行扣水，即对梅株减少浇水量。

施肥 不耐肥，不需要施肥过多，过多则枝叶徒长，不易形成花芽。生长期每周施肥1次，新梢已长定开始扣水时，应控制施氮肥，同时每周叶面喷施磷钾肥或施入速效磷钾肥，以促使花芽形成，待花芽生理分化完成后（立秋前后），每月施肥水2～3次，于春节前后花蕾膨大时，施肥1～2次，以速效肥（人粪尿或尿素）为主，进行催花。

病虫 在高温、高湿、通风不良的夏天，可发生白粉病、烟煤病等，可喷70%甲基托布津可湿性粉剂1 500倍液或50%多菌灵可湿性粉剂1 000倍液防治。常见虫害为蚜虫及蜘蛛，可用敌杀死5 000倍液，或甲氰菊酯（灭扫利）5 000倍液喷杀，每周1次，连用2～3次，均可见效。

越冬 较耐寒，南方地区可以室外越冬。华北地区应移入室内越冬，保持盆土干燥，直到出现花芽时再适当浇水。

繁殖 可采用扦插法繁殖。扦插繁殖在春季进行，剪取两年生健壮枝条作为插穗，扦插在沙质土壤中，保持插壤湿润，其成活率可达90%以上。

月季花

[别名：四季花、月月红、斗雪红]

　　月季花为常绿或落叶灌木，小枝绿色，散生皮刺，也有几乎无刺的。多数有羽状复叶，小叶一般有3～5片，椭圆或卵圆形，长2～6厘米，叶缘有锯齿，两面无毛，光滑，托叶与叶柄合生。花生于枝顶，花朵常簇生，稀单生，花色甚多。品种万千，多为重瓣也有单瓣者，花有微香，花期4～10月，春季开花最盛，肉质蔷薇果，成熟后呈红黄色，顶部裂开。种子为瘦果，呈栗褐色。

基质 可用园土，河沙，腐熟的粪土按照6：2：2的比例混合配制而成盆土基质。

光照 月季花喜充足的阳光，不耐阴，在现蕾开花期，每天光照不低于5～6小时，但在开花时，烈阳直射，会使花的寿命缩短。

温度 生长适温10～25℃。夏季温度32℃以上进入半休眠状态，能耐35℃高温。

浇水 盆栽月季花不干不浇水，浇则浇透。夏季天气炎热，水分蒸发大，盆栽浇水量应多些，尤其是傍晚1次应当浇足。夏季高温干燥时，须经常对植株进行喷水。

施肥 喜好大肥，入春以后，最好每隔4～5天就要浇施粪肥或其他腐熟肥，不可间断。盛暑时是否继续追施肥料，视植株生长情况而定，生长旺盛可继续追施；生长衰弱，花开瘦小，呈半休眠状态，应停止施肥。

病虫 春秋雨季，叶片易发生黑斑病和白粉病。发现后，可用70%甲基托布津可湿性粉剂1 000倍液或粉锈宁喷雾除治，也可用棉花蘸酒精擦花叶正反两面和叶柄除治。虫害主要是蚜虫和红蜘蛛，均可用40%氧化乐果乳剂1 500倍液或阿克泰10 000倍液喷治。

越冬 冬季温度低于5℃进入休眠，能耐-15℃以下的低温。冬季应移入室内避风向阳处。

繁殖 选择当年生半木质化的健壮枝条，早晨带露水剪下，长约10～15厘米，留两挡叶，其余剪去，然后立即插入盆土，深度5厘米左右。用喷壶浇透水，放阴凉处养护，1个月后即可发根。

玫　瑰

[别名：徘徊花、刺玫花]

　　玫瑰属落叶小灌木。茎丛生，最高达2米以上。有深褐色枝茎，上具刚毛与稠密的刚刺。奇数羽状复叶，小叶有5～9枚，卵圆形或矩圆形，先端尖，叶表面光滑多皱，略有光泽，深绿色，叶背灰白，上有柔毛，叶缘具细锯齿，叶柄上也有小刚齿。花单生或数朵聚生，多为紫红色，也有粉色、白色变种，重瓣，具浓香。花期4～8月，一般每年开1次花，少数秋后还能2次开花。果熟期为9～10月。

基质 盆栽用土可用沙河、蛇木屑、蛭石按3：3：4的比例来调制，并在盆底铺上经腐熟的有机肥为基肥。

光照 玫瑰喜欢光照充足的生长环境，每天至少应保持6小时以上的日照，才能产出品质佳的花朵。

温度 喜温暖，生长适宜温度为15~25℃。

浇水 应视天气状况进行浇水，炎热夏天需每天浇水，平时见盆土干即浇透水。在玫瑰开花期间要控制浇水，这是可以开出好花的秘诀。因为花瓣展开时，如果过量浇水的话，玫瑰就会吸收过多的肥料养分，而不会很好地开花。

施肥 玫瑰喜肥，盆栽服盆后应每隔10天施1次腐熟的有机液肥，花蕾形成期应施些含磷钾的液肥。

病虫 玫瑰常见病害有锈病、黑霉病、白粉病等。锈病如发现病叶应及时摘除，集中销毁。发病期，可喷洒敌锈钠300倍液防治。玫瑰常见害虫有玫瑰茎叶蜂、玫瑰中夜蛾、吹绵蚧及红蜘蛛等。红蜘蛛，危害叶片正反面，引直叶片枯干脱落。病发初期，可用20%三氯杀螨醇可湿性粉剂1 000~1 500倍液或20%三氯杀螨砜可湿性粉剂800~1 000倍液喷雾。

越冬 冬季休眠期可放置于0℃左右的地方，保持盆土略偏干的状态。

繁殖 一般采用扦插法及分株法。扦插宜在秋末冬初进行，选择健壮饱满的枝条，作为插穗。每段插穗至少要带有3~4片叶子，其余除去，以减少蒸散作用。将插穗插于砂床中，保持温度置于明亮处，避免直接受到正午的强烈阳光照射，约1个半月后可生根。

百 合

[别名：强蜀、番韭、山丹、倒仙]

　　百合为多年生球根草本花卉，株高40～60厘米。茎直立，不分枝，草绿色，茎秆基部带红色或紫褐色斑点。地下具鳞茎，鳞茎由阔卵形或披针形，白色或淡黄色，直径为6～8厘米的肉质鳞片抱合成球形，外有膜质层。多数须根生于球基部。单叶，互生，狭线形，无叶柄，直接包生于茎秆上，叶脉平行。花着生于茎秆顶端，呈总状花序，簇生或单生，花冠较大，花筒较长，呈漏斗形喇叭状，六裂无萼片，因茎秆纤细，花朵大，开放时常下垂或平伸；因品种不同而色彩多样，多为黄色、白色、粉红色、橙红色。

基质 盆栽培养土用腐叶土、粗沙、园土按3∶2∶5的比例混合而成。

光照 喜凉爽潮湿环境，日光充足的地方、略荫蔽的环境对百合的生长更为适合。

温度 生长适温为16~24℃，低于5℃或高于30℃时生长几乎停止。

浇水 浇水的时间最好在早上或上午温度较低的时段。百合现蕾时要适当减少浇水次数，不能将水分浇到叶面，避免"叶烧"。"叶烧"期结束后，可以喷洒浇水，尤其在高温时，叶面喷水不仅可以使叶片保持亮绿，而且可以避免高温烧叶。花蕾生长后期要保持水分充足，避免落蕾或花蕾干缩。

施肥 生长期每隔15天施1次肥，以腐熟液肥为宜，忌施含氟和碱性肥，否则易发生烧叶。现蕾至开花期，每15天喷0.2%~0.3%磷酸二氢钾溶液1次。

病虫 盆栽百合常见病害有叶枯病、灰霉病、根腐病，可用25%多菌灵可湿性粉剂500倍液对种球和栽培基质进行必要的消毒；虫害主要是蚜虫，可用敌敌畏乳剂1 200倍液。

越冬 冬季干冷的空气容易引起叶尖干枯，宜将盆栽移至温暖避风处越冬。当气温降到10℃以下，要预防叶片因寒害冻伤。

繁殖 百合繁殖一般采用分球与鳞片扦插法。分球法：于秋后从盆土中挖取球茎，剥下子球砂藏后，翌年春季重新种植培养。鳞片扦插法：秋后从土中挖取球茎，从老球茎中剥下鳞片，在春季插入粗沙中，经2~4个月后大部分都可生根发芽，待从鳞片的基部长出小鳞茎，即可移栽种植。

建 兰

[别名：四季兰、雄兰、骏河兰、剑惠]

多年生草本植物。2～6片叶丛生，带形，较柔软，弯曲而下垂，长30～50厘米，宽1～1.7厘米，薄革质，略有光泽。顶端渐尖，边缘有不甚明显的钝齿。花葶直立，较叶短，高达20～35厘米，通常有4～7朵花，最多达13朵花；花呈浅黄绿色，有清香气；萼片呈狭矩圆状披针形，浅绿色，顶端较绿，基部较淡，具5条深色的脉；花瓣较短，相互靠拢，色浅而有紫色斑纹。唇瓣不明显，3裂，侧裂片呈浅黄褐色，唇盘中央具2条半月形褶片，褶片呈白色，中裂片反卷，有浅黄色带紫红色斑点。

基质 可用优质腐殖土、新鲜河沙和陶粒按5：3：2的比例混合配置。

光照 建兰较喜阳，但切忌长时间的强光直射或暴晒。盛夏温度在35℃以上时，须增加遮阳网的密度，降低阳光照强度度，同时采取喷雾、洒水、增加通风量等防暑降温措施。

温度 喜温暖，生长适温15~30℃。耐寒性差。

浇水 日常浇水的次数与水量，应视天气阴晴、植料干湿、兰盆质地、株大株小、长势强弱等情况，灵活掌握，见机行事。一般要求春、秋多水，夏季控水，冬季少水。

施肥 建兰发芽多，生长快，养分消耗也多，施肥一定要跟上。施肥的原则是"宁淡勿浓，薄肥勤施，春夏偏淡，秋后增浓"。生长期每月施加2~3次的有机饼肥。花后至初冬施1~2次磷钾肥，补充花期营养消耗。

病虫 常有炭疽病、黑斑病和介壳虫危害。病害用10%多菌灵可湿性粉剂500倍液喷洒；虫害用40%氧化乐果乳油1 500倍液喷杀。

越冬 耐寒性差，一般在－2℃即会受冻。冬季应移于兰棚或室内养护。室温保持10℃以上。

繁殖 常用分株法繁殖。春、秋两季均可。每组2~3株或3~5株。移植时用0.1%高锰酸钾溶液或其他灭菌剂浸根，消毒杀菌，待兰根晾干水气，发白变软后才可上盆栽植。

马蹄莲

[别名：水芋、花芋]

　　马蹄莲为天南星科多年生宿根草本植物。株高60～70厘米，具肉质块茎。叶心状似箭形，全缘，绿色或有时具白色斑点，叶柄长，上部具棱，下部呈鞘状折叠梐茎。花茎高出于叶，肉质花穗，呈黄色，圆柱形，其观赏部分的佛焰苞有白、黄、粉等色。花期在3～5月，常见栽培品种有：白色马蹄莲，叶绿色，花白色，花期自冬至春；黄色马蹄莲，叶鲜绿色，具有白红色透明斑点，花茎矮于叶，花期在夏季。浆果多不易成熟。

基质 盆土以沙壤土为主，配以园土和腐叶各1/3，再掺入少许有机肥做底肥。

光照 喜阳光，须保证每天3～5小时光照，不然叶柄会伸长影响观赏价值，但是又怕夏季阳光暴晒。阳光直射后叶片、佛焰苞片都会灼伤，所以夏季要遮阴，遮光率50%即可。但如果长期生长在阴暗和阳光不足的环境里，会影响开花，甚至不开花。

温度 生长适温为10～25℃。

浇水 生长期需经常浇水，并且早、晚用水喷洒花盆周围地面，以增加湿度，最好5～7天用海绵蘸水揩抹叶面，以保持叶片新鲜清洁。

施肥 马蹄莲喜大肥。除栽植前施基肥外，生长期内，每隔20天左右追施1次液肥。肥料可用腐熟的饼肥水，生长旺季可每隔10天左右增施1次氮磷钾混合的稀薄液肥。施肥时切忌将肥水浇入叶鞘内，以免引起腐烂。

病虫 马蹄莲的病虫害主要有细菌性软腐病、蚜虫等。细菌性软腐病可危害叶、叶柄和块茎，主要由块茎带菌传播，初发病时可用波尔多液500倍液喷雾防治。马蹄莲在生长季节通风不良时，最易发生蚜虫危害。发生虫害时可喷洒40%氧化乐果乳油1 500～2 000倍液防治，并注意改善通风条件。

越冬 马蹄莲耐寒力不强，10月中旬要移入温室，保持室温不低于10℃。每周用接近室温的淡水洗叶面1次，保持叶片清新鲜绿。冬季注意增加光照。

繁殖 以分株法繁殖为主。每年9月将植株从盆中抠出，将母株周围子球掰下，用草木灰涂抹伤口，以免感染腐烂，更换消毒后的培养土，再将母球子球放入4 000倍高锰酸钾溶液，浸泡15分钟至20分钟。晾干后，按球的大小分别上盆，这样来年植株会大小一致。

第五章

观叶植物四季栽培攻略

菜豆树

[别名：幸福树、接骨凉伞、牛尾树]

菜豆树为中等落叶乔木，高达15米，树皮浅灰色，深纵裂。羽状复叶，叶轴长约30厘米，无毛，中叶对生，呈卵形或卵状披针形，叶长4～7厘米，先端尾尖，全缘，两面无毛，叶柄无毛。花具夜开性。花序直立，顶生，长25～35厘米，径30厘米，苞片线状披针形，早落。萼齿卵状披针形，长约1.2厘米。花冠呈钟状漏斗形，颜色为白色或淡黄色，长6～8厘米，裂片圆形，具皱纹，长约2.5厘米。蒴果革质，呈圆柱状长条形似菜豆，稍弯曲、多沟纹。

基质 通常将园土、腐殖土、腐熟有机肥、河沙按照5∶3∶1∶1的比例混合配制成盆土。

光照 喜光植物，也稍能耐阴，全日照、半阴环境均可。应将其搁放于光照充足的窗前或室内。如果长时间将其搁放于光线暗淡的室内，易造成落叶。

温度 生长适温为20～30℃。当环境温度达30℃以上时，要给予搭棚遮阴，增加环境湿度和叶面喷水，或将其搬放到有疏阴的通风凉爽处过夏。

浇水 菜豆树叶片密集，对水分的要求也比较多。夏季高温干旱季节要适当地多浇水，但盆内不可积水，如果看到叶片卷曲，颜色暗淡，那就说明环境干燥，需要补充水分了。此时可以用向叶片喷水，或花盆周围洒水的办法来降低空气温度，增加湿度。冬季温度较低时，菜豆树就会进入休眠状态，这时不可过多浇水，以免出现积水烂根现象。为了保持叶片清洁，可以每隔两天左右向叶面喷洒清水，洗去灰尘，这样做还能有效地防止新抽出叶片的叶尖枯黄。

施肥 除要求在培养土中加入适量的腐熟饼肥和3%的多元复合肥外，还应不间断地给予追肥。生长季节可每月浇施1次速效液肥，通常可用腐熟的饼肥水。夏季气温高于32℃、秋末冬初气温低于12℃后，均应停止追肥。

病虫 在高温、高湿通风不好的环境中，其叶片易感染叶斑病。发现少量病叶，应及时将其摘除烧毁，定期喷洒50%的多菌灵可湿性粉剂600倍液，每半月1次，连续3～4次。也容易受介壳虫危害，可用25%的扑虱灵可湿性粉剂1 500倍液喷杀。

越冬 越冬期间，最好能维持不低于8℃的室内温度，最低不得低于5℃，以免出现冻害伤叶或落叶。越冬期间可将其摆放于窗前或阳台前较高的位置，让其多多接受光照。

繁殖 可采用扦插法繁殖。于3～4月间，当环境气温达15℃左右时，剪取1～2年生木质化枝，长15～20厘米，剪去全部叶片，下切口最好位于节下0.5厘米处，将其扦插于沙壤苗床上，插穗入土深度约为穗长的1/3～1/2。

幌伞枫

[别名：富贵树、广伞枫、大蛇药、五加通]

　　幌伞枫系蝶形花豆科乔木，树高可达10～12米，树干挺拔顺直，枝疏节长，树皮呈灰褐色至褐色。叶互生，有17～19片羽状复叶，呈椭圆形至卵圆形，叶面光滑，鲜绿色，比刺槐叶大。5～8月开花，我国南方可春、夏、秋连续开花。总状花序腋生作下垂状，长8～12厘米，朵大近10厘米。

基质 可用园土、中粗河沙和锯末按5：2：3的比例配制盆土基质，并在盆底垫上腐熟的有机肥作为底肥。

光照 为喜光植物，也稍能耐阴。全日照或半阴环境均可。但是夏季不要让阳光直射，要搭棚遮光。盆栽植株在室内摆放时最好摆放在光照充足的窗前或阳台上接受半阴或散射光照。如果长时间将其放在光线暗淡的室内，易造成落叶。在室内养护一段时间后（1个月左右），就要把它搬到室外有遮阴（冬季有保温条件）的地方养护一段时间（1个月左右），如此交替调换。以免陡长，导致株型分散。

温度 生长适温白天为18～21℃。在盛夏时也要尽量将温度控制在27℃以下。当环境温度很高时，要适当给予搭棚遮阴，增加环境和叶面湿度。

浇水 坚持见干见湿的原则，生长期要保持基质湿润。冬季保持盆土湿润偏干为好。

施肥 生长较为迅速，需要充足的养分才能确保生长旺盛，所以在生长期需要勤施肥，一般以氮磷钾为2：1：1或1：1：1的混合肥料即可。也可用稀释后的薄肥水代替清水浇灌盆土。

病虫 在高温、高湿通风不好的环境中，其叶片易感染叶斑病。可定期喷洒50%的多菌灵可湿性粉剂600倍液，每半月1次，连续3～4次。虫害易受介壳虫侵害，可用25%的扑虱灵可湿性粉剂1 500倍液喷杀。

越冬 越冬期间最好能维持不低于8℃的室内温度，最低不得低于5℃，以免出现冻害。

繁殖 以播种繁殖为主。种子无休眠习性，可随采随播。

127

苏 铁

[别名：铁树、凤尾蕉、辟火蕉]

　　苏铁盆栽高可达3米，茎为粗圆柱状，没有分枝，有粗大的叶痕，形成鱼鳞状。叶簇生于茎顶，为大型羽状复叶，长1米左右。小叶呈线形，革质，尖端坚硬，浓绿色具光泽，叶缘反卷。每年春天生2~3轮，老叶则相继脱落。花单性，生于茎顶，雌雄异株，雄花呈螺旋状排列，形似菠萝，被生茸毛，初开时呈淡黄色，成熟后变成褐色。雌花较大，具多数掌状鳞片，形状为扁平圆柱体，逐渐分裂形成松塔状。苏铁难得开花，二三十年的老树能开花，故称之为"千年铁树一开花"，花期为6~8月。

基质 腐殖土、河沙和适量钙镁磷肥的混合基质。

光照 喜光照，也耐阴，只在夏季光照强烈时遮阳50%左右即可，其他季节应给予充足的光照，特别是新叶萌发时，光照不足，叶片易徒长，观赏性降低，也对其生长发育不利。在新叶硬化后可置于半阴或散射光照处欣赏。

温度 喜高温环境，不耐严寒，生长适温为20~35℃之间。

浇水 苏铁稍耐干旱，浇水可干湿交替，基质不需保持湿润，更不可积水涝渍。能耐受短暂的干旱。家养时一般在盆土表面干燥后就需要浇透。

施肥 苏铁喜肥，换盆时应施足底肥，生长季2周左右施1次稀液肥。若土壤瘠薄，肥力不足，叶片呈黄绿色，且不易萌发新叶。施肥应施有机肥，以饼肥最好，每周施1次可使叶片油光翠绿。

病虫 苏铁的抗性较强，病虫害发生量较少。病害主要有叶枯病，可喷施多菌灵可湿性粉剂600~900倍液进行防治；虫害主要有介壳虫、曲纹紫灰蝶，可用40%氧化乐果乳油1 000倍液喷杀。

越冬 入秋后气温下降，不宜多浇水，盆土保持较干燥为好，以免萌发新叶，不利于越冬。冬季，只要室温不低于5℃即可。

繁殖 苏铁主要用分蘖枝繁殖，也可用播种法或扦插法繁殖。大的苏铁，可在土层下面的茎盘部分萌发吸芽，1次可长出3~4个，如肥水充足，生长良好，1次可长出10个以上的吸芽，把它们掰离母体后另栽就能养成一棵新株。

巴西木

[别名：香龙血树、巴西铁树、巴西千年木、金边香龙血树]

巴西木属常绿乔木，株形整齐，茎干挺拔。叶簇生于茎顶，长为40～90厘米，宽为6～10厘米，尖稍钝，弯曲成弓形，有亮黄色或乳白色的条纹；叶缘呈鲜绿色，且具波浪状起伏，有光泽。花小，黄绿色，有芳香。

基质 可将园土、腐殖土、泥炭土和河沙按照3∶2∶2∶3的比例拌匀混合配制成培养土。

光照 对光线适应性很强，稍遮阴或阳光下都能生长，但春、秋及冬季宜增加日照，夏季则宜遮阴或放到室内通风良好处培养。栽培中见叶片的斑纹色泽变淡，这往往是放置地点过于荫蔽或施用氮肥过多的缘故。

温度 喜高温，生长适温20~28℃。温度低于13℃则进入休眠状态。

浇水 巴西木适应能力强，抗干旱能力强，数日不浇水也不会干死。但要想生长好，则必须有充足的水分供应。盆土应保持湿润，要经常向叶面喷水，以提高周围环境空气湿度，但盆土不宜积水，以免通风透气不良引起烂根。秋末后宜控制浇水量，保持盆土微湿即可，冬季应控制浇水。

施肥 生长期，半月左右追施1次以磷、钾为主的稀薄肥液，以防植株徒长和叶色返绿。

病虫 常见叶斑病和炭疽病危害，可用70%甲基托布津1 000倍液喷洒。虫害有介壳虫和蚜虫危害，可用40%氧化乐果乳油1 000倍液喷杀。

越冬 冬季要移入温室养护。在室内摆放的，应摆放在有光照处，室温保持6~8℃以上为好。夜间遇温度低时，可套上塑料袋保温，白天太阳出来，室温升高时，应及时拆去塑料袋，以便散热降温，防止闷坏。

繁殖 可用扦插法，以5~8月份为最宜。将茎干切5~10厘米1段作为插条，以半卧的方式将插条全部卧在粗沙中，使其露出沙面1~2厘米。经常喷水，保持插床较高的湿度；温度21~24℃有利于插条生根出芽。带叶片的顶尖生根较快，3~4周可生根盆栽。

虎耳草

[别名：石荷叶、金丝荷叶、金线吊芙蓉]

　　虎耳草为中小型阴生观叶植物，株高15～40厘米，植株基节部有垂吊细长的匍匐茎，顶端生有小植株。全株密被短茸毛；叶片数枚，基生，近肾形；叶长3～6厘米，宽3～7厘米；叶缘浅裂，有锯齿；叶表呈暗绿色，且具明显的宽灰白色网状脉纹，叶背呈紫红色。圆锥花序，花稀疏，白色小花不整齐，花期为4～5月。

基质 盆栽虎耳草选用腐殖土、园土、粗沙的混合培养土，每隔1年于早春换1次盆。

光照 喜半阴，畏强光，可四季放置于室内具有散射光的地方培植，春、秋两季移到室外阴湿处养护效果更好，避免日光直射。

温度 生长适温为15～25℃。不耐高温，夏秋炎热季节休眠，入秋后恢复生长。

浇水 喜湿度高的环境不耐干燥。生长旺季在5～9月份，此时盆土应经常保持湿润，并经常喷水以提高周围环境湿度。炎热季节放置在通风凉爽处，控制水分。入秋恢复生长后，需增加浇水次数。

施肥 生长期每2～3周施1次稀薄腐熟饼肥或花肥。肥料需从叶下施入，以免沾污叶面，影响生长。

病虫 病害有灰霉病、叶斑病、白粉病和锈病，可用65%的代森锌可湿性粉剂500倍液防治灰霉病和叶斑病，用15%的粉锈宁800倍液防治白粉病。虫害主要有粉蚧和粉虱。

越冬 冬季移入室内养护，置于窗台阳光充足处，温度在8℃左右即可安全越冬。

繁殖 用分株法繁殖。当植株生长至一定大小时，母株发出的匍匐茎的末端常会长出小植株；可在春末至秋季将小植株剪下，将剪下的幼株直接种在小盆中，将小盆放在阴湿处，两周左右可恢复生长。

酒瓶兰

[别名：象腿树]

常绿乔木。茎干直立，基部膨大，与酒瓶极其相似。茎干膨大部分树皮厚，有方块状龟裂纹。叶线形集生于茎干顶端，长90~180厘米，宽约2厘米，常向下弯曲，呈半圆状，相互交叉，长短相接，形状如同网篮。叶绿色，叶缘呈细锯齿状，革质，较薄，形状似幽兰。

基质 可用腐殖土5份、园土3份和河沙2份及少量草木灰混合作为基质。

光照 性喜阳光，一年四季均可直射，即使酷暑盛夏，在骄阳下持续暴晒，叶片也不会被灼伤。

温度 性喜温暖湿润，生长适温为16~28℃。

浇水 由于酒瓶兰较耐旱，浇水不宜过多，否则易烂根。春、秋两季须见干见湿，夏季保持湿润，冬季见土干时再浇水。

施肥 在小植株生长过程中应加强肥水管理，勤施薄液肥，并增施钾肥，以利茎部膨大充实。生长期每月施两次液肥或复合肥，在施肥时注意增加磷钾肥。

病虫 酒瓶兰生性强健，有较强的免疫力，极少发生病虫害。有时发生叶斑病危害。虫害有盲蝽、粉虱和介壳虫危害，可用40%氧化乐果乳油1 500倍液喷杀。

越冬 冬季需要入室，置于温暖向阳处。室温以10℃左右为宜，如低于5℃，须采取防寒保暖措施，以防冻害。

繁殖 多采用扦插法繁殖。在春季选取母株自然蘖生的侧枝作插穗，切下稍晾干后插于沙床内，增加空气湿度，插后15~20天可生根。

孔雀木

[别名：手树]

孔雀木为常绿观叶小乔木，盆栽高时常在2米以下。树干和叶柄都有乳白色的斑点。叶互生，掌状复叶，小叶有7~11枚，条状呈披针形，长7~15厘米，宽1~1.5厘米，边缘有锯齿或羽状分裂，幼叶呈紫红色，后成深绿色。叶脉为褐色，总叶柄细长，甚为雅致。

 基质 将腐殖土、园土、河沙混合作为基质，保持疏松肥沃。

光照 平时要求适量的光照，若光线不足易导致枝条徒长，影响观赏价值。生产栽培过程中不易过分遮光，可置于棚内明亮处养护，但忌夏季强光。长期放于阴暗处，要适时补充光照。

温度 生长适温为18~23℃。

浇水 最好在盆土稍干时再彻底浇水，掌握见干见湿的原则。过于干燥，易使叶尖枯干，经常向叶面及植株周围喷雾，保持空气湿度。

施肥 对肥料要求不高，生长季半个月施肥1次，最好稀薄饼肥水及有机肥交替施用，秋季增施磷、钾肥，增加其抗寒力。冬季生长缓慢，适当控水，停止施肥。

病虫 常见叶斑病和炭疽病危害，可用50%甲基托布津500倍液喷洒防治。空气过于干燥时，易发生介壳虫危害叶片，应及时检查，人工清除或喷洒40%氧化乐果乳油1000倍液防治。

越冬 越冬温度不宜低于15℃，如低于8℃，易受冻害。

繁殖 多用扦插法繁殖，每年5月至6月，剪取一年生木质化的枝条，在20℃的环境中扦插，约30多天可发根成活。

135

椒 草

[别名：豆瓣绿、翡翠椒草]

　　直立性植株，高约30厘米。单叶互生，叶呈椭圆形或倒卵形。叶端钝圆，叶基渐狭至楔形。叶面光滑有光泽，质厚而硬挺，茎及叶柄均肉质粗圆。叶长5~6厘米，宽4~5厘米，叶柄较短，只有1厘米，但生根容易。节间较短，节间处也极易生根。

基质 一般配制基质可用腐殖土、河沙加少量腐熟的有机肥料混合即可，有条件的可选择泥炭土与珍珠岩混合栽培。

光照 喜半阴或散射光照，除冬季需要充足的光照外，其他季节需要稍加遮阳，特别是夏季更需遮阳。如果置于荫蔽的环境下，易徒长，枝间增长，观赏性会降低，也是不可取的。在半阴的条件下，叶色更明亮，光泽更佳，特别是斑叶品种，对阳光的需求稍高一点。

温度 喜温暖环境，生长适温为20～30℃。

比较喜水，不耐干旱，在生长期要勤浇水，气温高于25℃或空气干燥时要多浇些水，但也要防止涝渍，气温低于25℃时要待盆土表面干燥时再浇透，气温低于10℃时，可干燥数日不浇水也可耐受。气温高时或空气干燥时要加强叶面喷水或在生长环境中洒水，以保持较高的空气湿度，对植株的生长极为有利。

施肥 最好少量多次进行施肥，以稀释的肥液代替清水浇灌最佳，不耐生肥与浓肥。也可对叶面喷施肥液，效果良好。肥料以氮肥、钾肥为主，磷肥为次。

病虫 病虫害较少，虫害主要有红蜘蛛危害，但只要保持较高的空气湿度就能预防。

越冬 耐寒性稍强，直立性的品种，一般5℃以上就可安全越冬；丛生性品种，耐寒力较直立性品种差，越冬温度宜稍高，约10℃以上。

可用叶片扦插法及分株法来进行繁殖，叶插需要带有叶柄，直立或稍倾斜插于河沙中，入沙深度为叶柄的1/4～1/3，保持基质的湿润和较高的空气湿度，2～3周即可生根和生出不定芽。

铁线蕨

[别名：铁线草、铁丝草]

　　多年生常绿草本，株高15～40厘米。根状茎横生，密生棕色披针形鳞片。叶柄细长，栗黑色，细而坚硬，约5～23厘米，状如铁丝。叶疏生，卵状三角形至长圆状卵形，2～3回羽状细裂，小羽片近圆形或扇形，深绿色，有钝圆的粗缺刻。

基质 一般用富含腐殖质的泥炭土或腐殖土，再加入约1/3的粗砂和细砂，并放入一些骨粉作为基质。

光照 铁线蕨喜阴怕光，在强光下不能顺利生长，盆栽宜置于半阴或棚内的间接光照下培养，夏季忌阳光暴晒。过多、过强的光照会引起叶边枯焦。

温度 生长适温为18～25℃，越冬温度不宜低于10℃。

浇水 生长季节要充分浇水。平时可每天浇水1次，夏季可每天浇水2次，并保持较高的空气湿度；夏季高温季节还应每天向叶面喷水2～3次才能保持叶色碧绿，还可每星期将盆放于水中浸泡1次。在秋末以后，应逐渐减少浇水次数，保持盆土湿润即可，增强其抗寒性。水分不足时，叶片易变黄。

施肥 需肥量不多，生长期15～30天施液肥1次即可，苗期可追施氮肥。施肥时勿将肥料沾污叶片，否则易致叶片枯黄，降低观赏价值。铁线蕨喜钙肥，分株换盆时，可向盆中加少量石灰和碎蛋壳，补充些钙肥。

病虫 盆栽铁线蕨，常有叶枯病发生，初期可用波尔多液防治，严重时可用70%的甲基托布津1 000～1 500倍液防治。若有介壳虫危害植株，可用40%的氧化乐果乳油1 000倍液进行防治。

越冬 不耐寒，冬季室温若在10℃以上，叶片可保持翠绿，低于5℃即发黑变黄。

繁殖 采用分株法繁殖。一般在早春结合换盆进行。将母株从盆中取出，切断其根状茎，使每块均带部分根茎和叶片，然后分别种于小盆中。根茎周围覆混合土，灌水后置于阴湿环境中培养，即可取得新植株。

橡皮树

[别名：印度橡胶树、印度榕大叶青]

　　橡皮树为常绿乔木，株高2～3米。茎无毛，具乳汁。叶片厚，革质，具长柄，叶为长圆形或椭圆形。橡皮树叶片宽大美观且有光泽，红色的顶状似伏云，托叶裂开后恰似红缨倒垂，颇具风韵。它是观赏价值较高的盆栽观叶植物。

基质 将腐殖土、园土和河沙按照1:1:1的比例混合，并加少量基肥，配成培养土。

光照 橡皮树喜强烈直射日光，亦耐荫蔽环境。但是在栽培过程中，每天应该使其接受不少于4小时的直射日光。如果有条件，最好保证植株能够接受全日照。

温度 喜高温的环境，生长适宜温度为20~30℃。

浇水 经常保持土壤处于偏干或微潮状态即可。夏季是橡皮树需水最多的季节，可多浇水。冬季是橡皮树需水最少的时期，要少供水。

施肥 生长旺盛季节应该施用磷酸氢二铵、磷酸二氢钾等作为追肥。

病虫 橡皮树易患炭疽病，在发病前或初期用50%甲基托布津、退菌特、百菌清、多菌灵等可湿性粉剂500~800倍液喷射。亦容易患灰斑病。在发病初期，可喷50%的多菌灵可湿性粉剂1 000倍或70%的甲基托布津1 200倍液。

越冬 当环境温度低于10℃时，橡皮树基本处于生长停滞状态。越冬温度不宜低于5℃。

繁殖 常用扦插法繁殖。一般于春末夏初结合修剪进行。选择一年生木质化的中部枝条作插穗，插穗以保留三个芽为准，将处理好的插穗扦插于河沙或蛭石为基质的插床，经2~3周即可生根。

小贴士

橡皮树具有独特的净化粉尘功能，也可以净化挥发性有机物中的甲醛，被称为绿色"吸尘器"。

散尾葵

[别名：黄椰子、紫葵]

  散尾葵为常绿灌木或小乔木。株高3～8米，丛生，基部分蘖较多。茎干光滑，黄绿色，叶痕明显，似竹节。羽状复叶，平滑细长，叶柄尾部稍弯曲，亮绿色。小叶呈线形或披针形，长约30厘米，宽1～2厘米。散尾葵果实为紫黑色。

基质 可用腐殖土、泥炭土加1/3的河沙或珍珠岩及基肥配成培养土。

光照 对光线要求不严，喜欢阳光充足，也耐半阴，光照充足时生长得更好，但过于强烈的阳光也很容易晒伤叶片。

温度 不耐寒，最适宜的生长温度为18～30℃。

浇水 散尾葵因其叶片能散发湿气，所以对水分要求较多，在旺盛生长的夏季更要及时浇水，保持盆土的湿润，高温干燥天气每天浇两次水并对叶面喷水才能保证生长需要。还应适当增加空气湿度，否则缺水会造成叶尖干枯变黄。深秋以后逐渐减少浇水量，注意保持叶面的清洁。

施肥 生长期间半个月左右施加肥水1次，肥水不能过于浓烈，最好能提前稀释一下。跟大多观叶植物一样，深秋以后停止施肥，并注意防止冻害。

病虫 容易发生叶枯病和根腐病，如有病害发生可用70%甲基托布津800液或75%百菌清可湿性粉剂1 000倍液喷洒，间隔7～10天喷施一次，连续喷3～4次，可有效控制病情。如果环境干燥、通风不良，容易发生红蜘蛛和介壳虫，故应定期用氧化乐果乳油800倍溶液喷洒防治。

越冬 越冬最低温度需在10℃以上，5℃左右就会冻死。冬季要放在光照良好的地方，合适的光照对叶片的颜色光泽非常重要。

繁殖 主要用分株法繁殖。3年左右分盆1次。可于4月中下旬换盆分株。选分蘗多的盆，抠出植株，去掉部分旧土，将其分割成数丛，每丛最少有苗2株，并注意保持优美的株形。

小贴士

散尾葵的羽状叶片每天可以蒸发1升水，被誉为"最有效的空气加湿器"。此外，其绿色的棕榈叶对二甲苯和甲醛有十分有效的净化作用，是非常好的有助于净化室内空气的观叶植物。

发财树

[别名：瓜栗、中美木棉、马拉马栗]

　　发财树为常绿乔木，树高8~15米，掌状复叶，小叶5~7枚，枝条多轮生。花大，长达22.5厘米，花瓣条裂，花色有红色、白色或淡黄色，色泽艳丽。4~5月开花，9~10月果熟，内有10~20粒种子，大粒，形状不规则，浅褐色。

基质 一般用疏松菜园土或泥炭土、腐殖土、粗沙，加少量复合肥或鸡屎作为基质。

光照 喜欢光线充足的室外环境，对光线的适应力较强。耐阴性也极强，种于室内或室外都能适应良好。

温度 性喜温暖，生长适宜温度为20~30℃。

越冬 冬季最低温度16~18℃，低于这一温度叶片变黄脱落；10℃以下容易死亡。

繁殖 多采用扦插法，取长度为6~7厘米的插条，扦插在蛭石或粗沙中，保持一定湿度，30天左右可生根。

浇水 遵循见干见湿的原则，夏季室内3~5天浇1次水，春秋季节5~10天浇1次。

施肥 喜肥，在生长期（5~9月）每间隔15天，可施用1次腐熟的液肥或混合型育花肥，以促进根深叶茂。

病虫 易患根腐病。发病初期应喷洒50%杀菌王水溶性粉剂1 000倍液，隔10天喷1次，连续防治2~3次。虫害主要是红蜘蛛。可定期喷施三氯杀螨醇可湿性粉剂1 500~2 000倍液防治。

兰屿肉桂

[别名：平安树、红头屿肉桂、大叶肉桂、台湾肉桂]

　　兰屿肉桂为常绿小乔木，树形端庄。叶片对生或近对生，卵形或卵状长椭圆形，先端尖，厚革质。叶片硕大，表面亮绿色，有金属光泽，背面灰绿色。叶柄长约1.5厘米，红褐色至褐色。它既是优美的盆栽观叶植物，又是非常漂亮的园景树。

基质 盆栽宜选用腐殖土、园土和少量河沙混匀配制并加入腐熟基肥作为培养土。

光照 需要较好的光照，但又比较耐阴。进入夏季后应遮阳处理。若光线过强，易造成叶片发黄，降低其应有的观赏价值。

温度 生长适温为20～30℃。小树不耐低温。

浇水 盆栽植株应经常保持盆土湿润，但又不得有积水，在夏季高温季节或秋天空气比较干燥的时间段，包括冬季搁放于室内期间，都应经常给叶面和周围环境喷水，为其创造一个相对湿润的局部空间小环境，促进其健壮生长。入秋后应控制浇水量，冬季则应多喷水，少浇水。

施肥 生长期每月应追施1次稀薄的饼肥水或肥矾水等。入秋后，应连续追施2次磷钾肥，借以增加植株的抗寒性，促成嫩梢及早木质化，使其能平安过冬。

病虫 病害主要有炭疽病。发病初期可用25%的炭粉灵可湿性粉剂500倍液，每隔10～15天1次，连续3～4次。虫害主要有卷叶虫，可用90%的美曲膦酯（敌百虫）晶体800倍液，或40%的氧化乐果乳油1 000倍液，进行喷杀。

越冬 冬季均应维持不低于5℃的室内温度，方可使其叶片始终保持碧绿之美态。

繁殖 多用播种法育苗。

小贴士

兰屿肉桂体内富含桂皮油（主要成分为肉桂醛），能散发出矫正异味、净化空气的香味，让人精神愉悦。

第六章

观果植物四季栽培攻略

富贵籽

[别名：大罗伞、红凉伞]

　　富贵籽是常绿小灌木，株高0.4～1米，叶互生，质厚有光泽，边缘具钝齿，有红叶、绿叶两个品种。夏日开花结果，花为白色或粉红色，排列成伞形花序；果实呈球形，似豌豆大小，成熟时果实鲜红、晶亮，环绕于枝头，当年结的果尚未脱落，翌年又开花结果，故而一棵树上365天都可赏果，其中红果期达9个多月，从元旦开始到中秋佳节都可赏果。

基质 将腐殖土、园土、河沙、有机肥按照4：4：2的比例混合配制成基质。

光照 富贵籽属半阴植物，可放在窗口稍远处，有散射光或日光灯照射即可满足其生长的需求，切忌夏季烈日暴晒。如任其暴晒，易得日照病，甚至死亡。

温度 生长适温为20～28℃，怕干热高温，当环境温度达30℃以上时，就要通过遮阴、喷水、通风等措施，给予降温增湿。

浇水 春季一般3～4天浇1次，夏季每天浇水1～2次，秋天2～3天浇1次水。入冬后保持65%～70%的水分。夏、秋季节气温高，应在早晚时间浇水，冬季最好在中午浇水。总之，要注意适时适量浇水，保持盆土的湿润状态，既不干燥又不积水。应遵循多喷少浇的原则，维持盆土湿润和周围环境中有较高的空气湿度，使其叶色浓绿、果色红艳；特别是摆在空调室中的盆栽植株，每天应喷水3～5次。

施肥 一般每半月追施1次有机薄肥，也可用0.1%的尿素加0.1%的磷酸二氢钾混合液浇施；开花结果期间，可通过叶面喷施0.2%的磷酸二氢钾溶液来促进植株多开花、结好果；气温过高或过低，都应停止施肥，以免造成肥害而伤根。开花期要停止施氮肥，果实变红后就不必施肥了。

病虫 富贵籽的病虫害不多，已发现的病害主要有根腐病和叶斑病。在发病初期，及时喷施800～1 000倍的甲基托布津。危害叶片的造桥虫和危害果实的食心虫可用氧化乐果乳油等内吸性杀虫农药喷雾便可杀死。

越冬 越冬温度不低于5℃。入冬之后要搬入室内，以防冻害。

繁殖 一般于4～5月剪取前一年萌生的枝条，插条长15～20厘米，切口用生根粉处理，带叶扦插，插后要加强遮阴保湿。40～50天即生根，70天后移栽上盆培育，次年即开花结果。

冬珊瑚

[别名：珊瑚樱、吉庆果]

冬珊瑚为直立小灌木，多分枝成丛生状，作1～2年生栽培。株高30～60厘米。叶互生，狭长圆形至倒披针形。夏秋开花，花小，白色，腋生。浆果，呈深橙红色，圆球形，直径1～1.5厘米。花后结果，经久不落，可在枝头留存到春节以后。目前栽培有矮生种，株形矮且多分枝。浆果种子小，果形为广椭圆球形，前端尖。

浇水 生长期适当浇水，以不受干旱为度，盛夏每天浇水两次，谨防阵雨淋浇，否则易发生炭疽病导致死亡。入冬后减少浇水，可以使挂果期延长。

施肥 适量施肥，不可过多，以免徒长。生长季节，每半月进行1次松土施肥。

病虫 夏季高温多雨季节，盆栽的冬珊瑚易发生炭疽病，可用75%的百菌清可湿性粉剂600～700倍液向叶面的正反两面喷洒，进行预防。虫害方面，易有介壳虫危害，可用40%氧化乐果乳油1 500倍液喷杀。

基质 可将园土和腐殖土按照7：3的比例混合作为基质。

光照 喜阳光，不需遮阴，每天至少4小时直射光，室内应放在明亮的东南窗前。

温度 喜温暖，生长适宜温度为18～25℃。

越冬 10月下旬移入室内栽培，保持室温不低于5℃，以利其安全越冬。

繁殖 繁殖多用播种法。在夏、秋两季生长期，也可采用扦插法繁殖，扦插时，剪取长8～10厘米带有顶芽的生长枝条，按常规法扦插，保持苗床或盆土湿润，定期向扦穗的顶芽、顶叶喷洒水雾，气温在18～28℃之间，约过10天便可成活。

山 楂

[别名：酸里红、酸枣、红果]

呈山楂树高可达6～7米。树皮暗灰色。叶单生，广卵形或三角状卵形，长5～11厘米，宽4～7厘米，先端渐尖，呈5～9裂的羽状分裂，叶缘具锐锯齿，叶面为深绿色，叶背为浅绿色；叶柄长2～6厘米。花为两性花，花瓣呈白色。果实近球形、扁圆形或长圆形；果面呈紫红色，果点较多；果肉有粉红、紫红、青绿等色。

 基质 盆内营养土可用腐殖土4份、园土4份、河沙2份进行配制。

 光照 喜阳光充足的环境。

 温度 比较耐寒，生长适宜温度为6~15℃。

 浇水 浇水掌握见干见湿，避免盆土积水，但在生长期也不要过于干旱，以免出现果色变暗、果皮皱缩、果柄变黄甚至脱落。

施肥 生长期每15天左右施1次腐熟的稀薄液肥，为了促使开花结果，从萌芽到花期每隔10天向叶面喷施1次0.2%～0.3%的磷酸二氢钾溶液。秋季为防止秋梢大量萌发，要停止施液肥，改施腐熟的饼肥渣。

病虫 虫害主要有金龟子、蚜虫等，发现这类虫害要及时喷氧化乐果乳油1 500倍液防治。病害主要是白粉病。可用百菌清可湿性粉剂800倍液防治。每两周喷1次，连喷3次就能控制白粉病。

 越冬 盆栽植株冬季在室外避风向阳处或冷室内越冬，及时补充水分，以免干冻，但也不能积水。

繁殖 多采用嫁接法繁殖。

黄金果

[别名：五指茄、牛头茄、五代同堂]

　　黄金果为灌木型草本。常作1年生栽培，株高约1米，叶片稀疏，对生，全株被蜡黄色扁刺。花蕾略下垂，花瓣5枚，紫色，径约3.8厘米，黄色花药呈锥形。果实呈倒置的梨状，基部有5个乳头状突起，果熟时为橙黄色至金黄色。

温度 生长适温为15～25℃，耐高温也较耐寒冷。10℃以下叶子会脱落，1～5℃停止生长。

浇水 黄金果喜湿润，忌干旱或积水，夏季每天浇水一两次，防过干落叶，影响生长，花期土壤过湿易落花，降低结果率。高温干燥，易出现只开花不结果的现象。

施肥 苗期多施氮肥，每半个月施液肥1次，开花坐果后以磷、钾肥为主，或喷施0.2%磷酸二氢钾溶液于叶面，使果实壮硕，种子饱满。

病虫 黄金果病虫害较少，梅雨季节偶有立枯病发生，可用70%甲基托布津或25%多菌灵可湿性粉剂800倍液防治，干旱季节也偶有红蜘蛛危害，可用40%氧化乐果乳油防治。

基质 盆内营养土可用腐殖土4份、园土4份、河沙2份进行配制。

光照 喜阳光充足，忌长期遮阴，最适合在强光下生长，如果光照不足，植株会徒长，叶片黄化脱落。

越冬 霜降后搬入室内光线较好的地方，维持不低于10～15℃的室温。

繁殖 黄金果采用播种法繁殖。

南天竹

[别名：天竹、兰竹、天烛子、红杷子]

南天竹为常绿灌木，株高可达2米，茎直立，少分枝，幼枝常为红色。叶互生，常集于叶鞘；小叶3~5片，椭圆披针形，长3~10厘米。夏季开白色花，大形圆锥花序顶生。浆果呈球形，熟时鲜红色，偶有黄色，直径0.6~0.7厘米，含种子2粒，种子扁圆形。花期5~6月，果熟期为10月至翌年1月。

 基质 盆土可将壤土和腐殖土按照7∶3的比例混合配制成基质。

 光照 忌强光，在强光下虽也能生长，但叶色常发红，生长不良。但也不耐阴，若长期在庇荫处生长，则往往结果稀少。

 温度 生长适温为15~25℃。

浇水应随季节变化有所增减，并且每次浇水量都不宜过多。一般春、秋季节每天浇1次水。夏季每天浇水2次，同时用水向叶片及花盆四周喷雾，以增加空气湿度；降低温度。注意花期不要浇水过多，更不能暴晒，不然容易落花。

施肥 为促进生长，每隔半个月施1次稀薄饼肥水，雨季可改施干肥，每盆20克左右，每月1次。至9月中旬停止施肥。

 病虫 病害主要有炭疽病。

 越冬 寒露节气前，将其移入室内，置书桌或茶几上观果。冬季要控制浇水量。

 繁殖 繁殖以分株法为主，在冬季挖根时，把老株蔸部有根的小苗剪下栽种。

佛 手

[别名：蜜罗柑、五指橘、佛手柑]

　　佛手的叶色苍翠，四季常青，花朵洁白、香气扑鼻，并且一簇一簇开放，十分惹人喜爱。佛手的果实色泽金黄，香气浓郁，形状奇特似手，千姿百态，让人感到妙趣横生。佛手不仅有较高的观赏价值，而且具有珍贵的药用价值和经济价值。因取名佛手，寓意平安、吉祥。

基质 将腐质土、园土和河沙按4：4：2的比例配置后再加少量氮、磷、钾复合肥拌匀配成。

光照 喜阳光，不耐阴，但畏烈日。夏季要移到凉爽通风的地方或进行遮阴。

温度 性喜温暖、湿润的气候。生长适温为25~35℃。

浇水 佛手怕涝不耐干旱，平时应遵循见干见湿原则。7~8月高温干旱季节，正值佛手果实生长期和秋梢萌发期，应保证水分供应，一般要早、晚各浇水1次。冬季休眠期根据盆土干湿情况浇水，10天左右浇水1次。

施肥 施肥以勤施薄施为原则。春季萌芽后每隔10天左右施肥1次，开花前可以施1~2次0.2%尿素促进枝叶生长与开花结果。夏季浇施0.1%硫酸亚铁提高盆土酸性，浇施2次，间隔15天，促进叶色浓绿。

病虫 主要病虫害有煤污病、潜叶蛾、红蜘蛛、锈壁虱、介壳虫、炭疽病等。

越冬 越冬温度应在5℃以上。气温低于3℃，嫩梢和叶片会出现冻害，且叶片易卷曲或脱落。

繁殖 常用扦插和嫁接法繁殖。扦插宜在早春新芽萌发前结合修剪进行。选择健壮的1~2年生枝条，选取中段剪成10~12厘米长的茎段作插条。

金 橘

[别名：金枣、金柑、寿星橘]

金橘为常绿灌木或小乔木，可高达3米。枝密生，通常无刺。叶互生；叶片呈长椭圆形、披针形或矩圆形。 花单生或2～3朵簇生于新枝的叶腋，花朵雪白芳香且开满树。果皮平滑，有光泽。成熟时呈金黄色，金灿灿的，玲珑可爱。挂果时间长，常被作为春节观果植物。寓意新的一年吉祥如意，大吉大利。

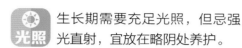 **基质** 将腐殖土、沙土、饼肥按4∶5∶1的混合比例进行基质配制。

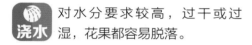 **光照** 生长期需要充足光照，但忌强光直射，宜放在略阴处养护。

温度 喜温暖，生长适宜温度为12～25℃。由于它原产于亚热带地区，因此对冬季温度的要求很严，当环境温度在8℃以下停止生长。

浇水 对水分要求较高，过干或过湿，花果都容易脱落。

施肥 金橘喜肥，平时应多施薄肥。植株在萌芽前施1次腐熟液肥，以后每7～10天施1次以氮肥为主的液肥，促使其多长枝叶、多发春梢。结果初期暂停施肥，待幼果长至1厘米大小，继续每周追施1次液肥至9月底。入秋后，施肥减少。

病虫 主要有溃疡病、炭疽病、刺蛾等危害，需及时治疗。

越冬 在冬季休眠期，主要做好控肥控水工作。若气温过低，应入室过冬。

繁殖 可用嫁接繁殖。砧木用枸橘、酸橙或播种的实生苗。嫁接方法有芽接、靠接和枝接，在春季3～4月用切接法；芽接在6～9月进行；盆栽常用靠接法，在4～7月进行。

柠 檬

[别名：柠果、益母果]

　　柠檬树姿较开张，小枝多针刺，嫩梢常呈紫红色。不经修剪的植株可高达3～6米。幼叶带明显的红色，以后渐变绿。叶柄短，翼叶不明显。花为白色带紫，略有香味，单生或3～6朵成总状花序。花大，芳香，单生或成簇腋生；花蕾带红色，花瓣上部为白色，下部为红紫色。果实呈亮黄色，有光泽，椭圆形或倒卵形，顶部有乳头状突起，油胞大而明显凹入，皮不易剥离，味酸，瓤瓣有8～12瓣，不易分离。种子呈卵圆形，多为单胚。

基质 盆土要采用疏松、肥沃的沙壤土。可用7份粗沙、2.5份肥沃园土和0.5份腐熟有机肥混合而成。

光照 柠檬为喜光植物，夏季要适当遮阴，阳光过分强烈，会造成生长发育不良。

温度 生长适温为15～29℃。

浇水 柠檬在生长期需要较多的水分，但不能积水，否则会造成烂根。浇水忌忽多忽少。一般春季是抽梢展叶、孕蕾开花的时期，要适量浇水。晚秋与冬季是花芽分化期，盆土则要偏干。

施肥 生长期应薄肥勤施。如施液肥以充分发酵的饼肥水为好，饼水比为1：200。

病虫 常见的病害有炭疽病、溃疡病、疮痂病等，一般可用50%多菌灵可湿性粉剂800倍液或70%甲基托布津800～1 000倍液防治。虫害主要有潜叶蝇和红蜘蛛，可相应采用氧化乐果乳油和螨特灵等农药防治。

越冬 零度以下会造成冻害。冬季入室，置于阳光充足的阳台，保持室内不低于10℃。

繁殖 剪取粗壮的枝条15厘米长作为插穗，留下上部2片叶，把每片叶再剪去一半。之后把枝段基部用利刀斜削一刀，使切口成为马蹄形，插入基质内。保持基质湿润，20～30天后就可开始发根。

小贴士

清新香甜带有新鲜又强劲的香气，是柑橘类里面解毒、除臭功效最好的一种，其香气能起到清凉身体、镇静或补充能量、消除疲劳、帮助记忆、净化空气和杀菌的作用。

161

第七章

室内养花要注意

含羞草

含羞草之所以一触即"羞"，是由于它体内含有含羞草碱，这是一种毒性很强的有机物。如果频繁接触，可使人眉毛稀疏，毛发变黄，严重的可致头发脱落或出现周身不适等症状。

曼陀罗

曼陀罗含多种莨菪烷类生物碱，中毒可出现口干、皮肤干燥、瞳孔散大、脉搏增快、颜面潮红等症状，严重者可血压下降而致死。

郁金香

郁金香花朵艳丽，引人入胜，且对氟化氢反应敏感，故被列为能监测环境污染的花卉之一。郁金香花中含有毒碱，人们若在其花丛中持续呆上2小时，就会头昏脑涨，出现中毒症状，严重者可使人毛发脱落。

花叶万年青

花叶万年青叶色先呈绿色，后呈艳红，观赏价值较高。但万年青花叶内含有草酸和天门冬素，其枝叶的汁液具有很强的毒性，一旦触及皮肤，奇痒难熬。尤其是它的果实，毒性更大，误食后会引起口腔、咽喉肿痛，甚至伤害声带，使人喉咙声哑，故有人称万年青为"哑巴草"，人畜误食还会带来生命危险。

水 仙

水仙花的鳞茎内含有拉丁可毒素，人误食后会发生呕吐、肠炎等疾病；叶和花的汁液能引起皮肤过敏、红肿痒痛等症状。

一品红

一品红花朵鲜丽，绽放长久，在花丛中分外抢眼，在国外被称为"圣诞花"。但是，一品红却毒性很强，即全株均含毒。其茎叶中的白色乳汁，极易粘在人手和胳膊上，使皮肤红肿。如果误食了其茎叶，会引起中毒死亡。

黄花杜鹃

黄花杜鹃的植株和花均含有毒素，误食后会引起中毒；白色杜鹃的花中含有四环二萜类毒素，中毒后可引起呕吐、呼吸困难、四肢麻木等症状。

滴水观音

滴水观音根茎内的白色汁液有毒，滴下的水也有毒，误碰或误食其汁液，就会引起咽部和口部不适，严重的还会窒息，导致因心脏停搏死亡。皮肤接触它的汁液会发生瘙痒或强烈刺激感，眼睛接触汁液可引起严重的结膜炎，甚至失明，但是滴水观音并不属于致癌植物。应尽量减少接触滴水观音，有小孩的家庭最好不要种植。

夹竹桃

夹竹桃每年春、夏、秋三季开花，花朵艳丽，惹人喜爱。叶片、茎皮、花朵和果实中，均含有一种叫作夹竹甙的剧毒物质。误食几克重的夹竹甙干物，即可引起中毒。误食后可引起恶心、烦躁，长期接触可诱发呼吸道癌与消化道癌。

五色梅

五色梅是一种有毒植物，人类和动物食其叶片或者果实都有可能中毒。误食，会造成慢性肝中毒，出现发热、呕吐、腹泻、步履不稳、呼吸急促、昏迷、黄疸等症状。

虞美人

虞美人全株有毒，内含有毒生物碱，尤其果实毒性最大，如果误食则会引起中枢神经系统中毒，严重的还可能导致生命危险。

洋绣球

洋绣球全株有毒，人畜误食其茎叶，会有疝痛、腹痛、腹泻、呕吐、呼吸急迫、便血等症状。花朵所散发出来的微粒，如果与人接触，可能使人出现皮肤瘙痒症。

中文名首字拼音索引